童國倫 潘奕萍 著

研究資料
如何找?
Google™ It!

五南圖書出版公司 印行

作者序

　　資訊氾濫的年代，要迅速尋找到所需的資訊已經變成一項挑戰，除了必須清楚地描述本身對資訊的需求，還要知道這些資訊在哪裡？如何取得？取得之後如何過濾？如何應用？以上種種條件都是一位研究者應當具備的基本能力。

　　Google是一個強大的資訊搜尋工具，同時也不斷的發展和整合更多的資訊源、推出許多免費且操作容易的資料庫，例如Google學術搜尋、Google圖書、Google專利等，由它宣稱「Google的任務在於組織全世界的資訊，讓全球都能使用並有所裨益」來看，身為研究者的我們當然也應當充分運用、從中獲益。

　　放眼現在的書市，關於Google的工具書不少，但是絕大部分都在撰寫Google的各項零星功能，本書則著重於Google能為學術研究者帶來哪些變化和幫助。由於Google收錄的內容包羅萬象，專注於整合Google學術搜尋工具是本書的一大特色，期盼各學科領域研究人員都可以從中得到實用的資訊則是本書撰寫的主要目的。

　　本書附錄是期刊排名資料庫JCR以及ESI，由於許多人對於搜尋到的大量資料不知該透過何種工具進行篩選，在填寫各項研究成果表格時也常常不知如何進行，因此特別將這兩個資料庫的操作方式和意義加以說明，希望讀者能夠從資料搜尋、資料篩選到資料應用都能在此得到滿意的答案。

目　錄

Part 3　應用工具篇

第七章　Google工具列

第八章　Google文件與論文寫作

附錄A　期刊論文閱讀順序

Part 1

快速入門篇

Part 1

文獻介紹及Google資料庫

　　當我們著手進行某項研究的時候，首先要了解過去有哪些人已經在這個領域深耕，現在又有哪些人做著相關的研究，這項工作稱為文獻回顧 (literature review)；這個階段主要在於盡可能了解其他研究者在這個領域做過哪些嘗試，有何成功或失敗的記錄以及未來可能的方向等等，然後將我們要研究的題目放在前人的基礎上做進一步的探討。如果資料收集的工作沒有確實完成，將來會發生許多事倍功半、甚至前功盡棄的窘境，例如發表了較沒有效率的方法，或是重複他人已經做過的研究。要有效率的收集資料，首先我們應該先認識學術文獻有哪些種類和特性。

1-1　文獻的種類

　　科技日新月異，文獻的載體越來越多樣，從印刷品到錄影帶、光碟片等不一而足，但是以內容來區分，文獻的種類大致可以分為1.一次資料 (primary sources)、2.二次資料 (secondary sources)、3.三次資料 (tertiary sources)。我們常常在圖書館的館藏目錄當中尋找資料，最常使用的就是查詢圖書以及期刊論文，而這兩者都是上述的一次資料。那麼二次資料和三次資料對於文獻回顧的工作又扮演甚麼樣的角色呢？

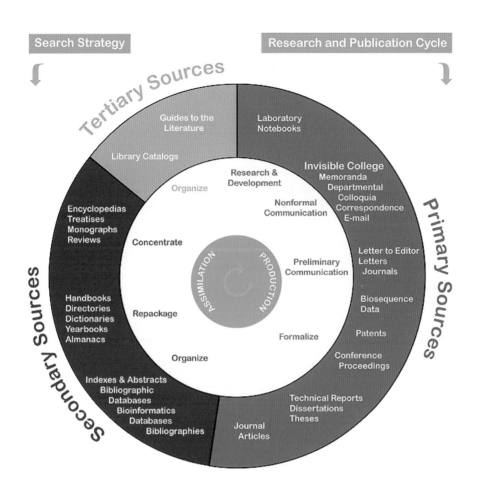

圖1-1　Evolution of Scientific Information

(From http://library.wooster.edu/sciref/Tutor/EvSciInfo/evsciinfo.php)

　　首先，一次資料 (primary sources) 包含了技術資料 (technical report)、日記 (diary)、期刊論文 (journal article)、學位論文 (thesis、dissertation)、專利 (patent)、書籍 (book)、會議紀錄 (proceeding)、統計資料 (statistics)、新聞稿 (press release) 等。通常這一類的資料都屬於原始資料，有些會透過傳統的出版管道向外界公開，又稱為「白色文獻」，要取得這類資料並不困難；然而有些資料為半公開，可以提供外界索取，但本身並未透過傳統管道出版和銷售，有時也不積極提高曝光率，因此很多有用的資料可能就此塵封，這些資料也被稱為「灰色文獻」，例如：市場問卷調查、會議論文集、學位論文、各機關組織文件、小冊子等，世界上收集灰色文獻最完整的機構有四，分別為：英國大英圖書館的文件供應中心 (BLDSC)、法國的科學技術資料中心 (INIST)、美國的

第一章　文獻與研究的關係

國家科技資訊服務中心 (NTIS)、日本的科學技術振興機構之文獻情報事業本部 (JST)。有些資料則完全不公開，一般管道並不容易取得，例如：日記、政府機密文件、公司研究人員的實驗記錄等，又被稱為「黑色文獻」。

圖1-2　日本JST中心服務項目

很多人以為透過圖書館就能收集到所需的資料，而由上述內容可以發現：其實有許多資料確實存在，但我們缺乏管道去取得。網路普及之後，原本不容易取得的資料慢慢地公開在網路上供大眾自由搜尋閱讀，例如以前準備出國留學的學生在收集全球各大學資訊時，必須前往留學中心或是交流協會的資料中心、大型圖書館閱覽，但是自從網路化之後，這些資料都可以輕鬆上網取得。其影響就是大量灰色文獻慢慢轉為白色文獻，這也是我們不能不懂得如何透過網路取得資料的原因。

　　二次資料 (secondary sources) 主要是用來指引一次資料的內容或所在之處，或用來替代一次資料以節省閱讀的時間，最常見的就是摘要 (abstract)、索引 (index)、引用索引 (citation index)、圖集 (atlas) 圖書目錄 (bibliography)、字典 (dictionary)、百科全書 (encyclopedia)、手冊 (handbook)、索引典 (thesaurus)。

　　以賈馥茗教授所評述的「西方教育名著述要」(五南出版社，2006) 為例 (圖1-3)，如果我們要閱讀近代西方教育思想家所著之12本經典著作，勢必要花費許多的時間，還可能不得其門而入，但是透過這本書的引導，我們可以用很短的時間快速了解到這些經典的精要，節省下來的時間還可以對其中較吸引我們的地方做深入的研究。

　　又以楊昌年教授撰寫的「古典小說名著析評」(五南出版社，2005) 為例，要閱讀完整的三國演義、水滸傳、金瓶梅、紅樓夢等小說絕對需要大量的時間精力，而透過本書的介紹和評論分析，可以快速領略中國古典小說的精華。

圖1-3　利用Google預覽「西方教育名著述要」內容

　　至於三次資料 (tertiary sources)，簡單的說就是將同主題的相關二次資料加以整理、歸納或是評論的專題報告、專書或是電子檔案等等，例如「期刊聯合目錄」，也就是聯合各圖書館期刊目錄的大型目錄。例如國家科技政策研究與資訊中心所建立的「全國期刊聯合目錄」。除了具有指引二次文獻和一次文獻的功能之外，有些經過整理之後的三次文獻還能預測未來發展趨勢，有利於研究的規劃。

圖1-4　NDDS系統的聯合目錄入口

圖1-5　全國期刊聯合目錄是各館期刊目錄的集合

當我們了解到這三種文獻的區別，就可以知道依靠圖書館的館藏目錄和電子資料庫所查詢到的圖書和論文並不代表我們找到所有的資料，而僅僅是已經被公開的資料而已；我們必須加強蒐尋資料的能力，例如利用網路的無孔不入的優點補足圖書館館藏的不足。

另外，我們也無法在短時間內有系統地消化大量資料，因此，閱讀應該要有策略，也就是在研究的初期，必須廣泛而大量閱讀的階段中，藉助二、三次資料的幫助，善用他人的整理功夫做為瀏覽某個主題的捷徑，以節省寶貴時間，這些資訊也許不在圖書館中，卻可能在一些內容豐富的部落格中可以發現。本書也將介紹如何利用RSS、Alerts等功能持續追蹤優良的網路資料等方法。

瞭解了資料的種類之後，接著討論搜尋資料的順序。資料的收集和閱讀應該是由淺入深、由概論到專論；圖1-6是搜尋資料的途徑。

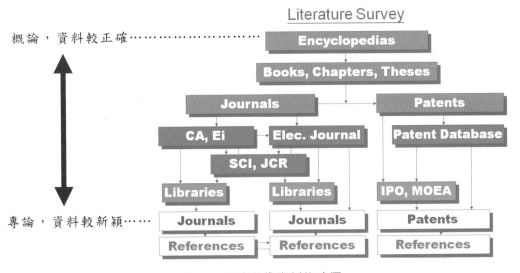

圖1-6　查詢學術資料的途徑

愈是上層的資料表示越接近定義，其內容已經是被大家接受的學說知識，愈是下層的資料表示愈新穎，但是仍有許多尚待挑戰和驗證之處。但是以時效性來說，當然還是以期刊論文、專利占有優勢，因此越是講求時效的科學、工程及醫學 (STM) 領域，對於期刊論文的依賴性也越強。

不論是一次、二次或三次資料幾乎都推出了數位化內容，並有獨立的資料

庫或是整合相關領域形成一個資料庫平台，研究人員可以透過各種資料庫查詢期刊全文 (full text) 或是論文摘要 (abstracts)。以圖1-7為例，學術資料庫包含的資料約有電子書、電子期刊、百科全書、報紙、學位論文等等，本章接著要介紹的就是這些資料在研究上的角色及其重要性，而本書也將就Google提供之各項工具如何幫助研究者得到最大的資源為主軸進行撰寫。許多時候Google可以搜尋到幾乎相同的資料，而且不限網域、不用付費，由於它也可以連結到我們所屬的圖書館，就算是需要權限的資料庫也可以輕易的連結，只要在同一介面下就可以檢索、翻譯、儲存、輸出、顯示被引用次數等等。除此之外，Google也提供各種工具輔助使用者進行管理，例如：Google文件和Google閱覽器等，且功能不斷的擴充當中。如果有一種工具能夠同時幫助研究者在一個介面下完成研究工作，那Google應該是目前最適合的答案。

圖1-7　各種資料類型的數位資料庫

以下將就各種資料的特性和利用方法作一簡介。

1-2　資料特性及簡介

1-2-1　百科全書及辭典

　　百科全書是用簡明方式介紹各門類知識的工具書。百科全書往往還包含其他各種工具書 (如人名錄、詞典、地圖集等) 的成分，並附有參考書目和索引。「百科全書」一詞來源於古希臘文enkyklios paideia，原意是「全面的教育」或「完整的知識系統」[1]。

　　除了綜合性的百科全書之外，18世紀開始也出現了專業性的百科全書。例如：

化學方面有Ullmann's encyclopedia of industrial chemistry
生物醫學方面有Encyclopedia of molecular biology and molecular medicine
兩性研究方面有Encyclopedia of gender and society
教育方面有Encyclopedia of Language and Education
地理方面有Encyclopedia of geographic information science
文學方面有Cassell's Encyclopaedia of Literature
宗教方面有Encyclopedia of Buddhism

…等等。組成一套百科全書的基礎是一條條的款目，每個款目 (entry，也稱詞條) 都由相關的專家進行撰寫，並署名負責，文末通常有參考書目 (bibliography) 以及相關詞條 (related entries) 可供延伸閱讀。百科全書的內容通常已經達到「定律」、「原理」的標準，也就是說收錄在百科全書的內容通常都是經過再三檢驗之後的學說，例如：地圓說、演化論等。以Encyclopaedia Britannica查詢regenerative medicine一詞為例：

---

[1] 「百科全書」。大英百科全書。2009年。大英線上繁體中文版。
　2009年8月7日 <http://0-wordpedia.eb.com.cylis.lib.cycu.edu.tw/tbol/article?i=024288>.

regenerative medicine

Main

 the application of treatments developed to replace tissues damaged by injury or disease. These treatments may involve the use of biochemical techniques to induce tissue regeneration directly at the site of damage or the use of transplantation techniques employing differentiated cells or stem cells, either alone or as part of a bioartificial tissue. Bioartificial tissues are made by seeding cells onto natural or biomimetic scaffolds (see tissue engineering). Natural scaffolds are the total extracellular matrixes (ECMs) of decellularized tissues or organs. In contrast, biomimetic scaffolds may be composed of natural materials, such as collagen or proteoglycans (proteins with long chains of carbohydrate), or built from artificial materials, such as metals, ceramics, or polyester polymers. Cells used for transplants and bioartificial tissues are almost always autogeneic (self) to avoid rejection by the patient's immune system. The use of allogeneic (non-self) cells carries a high risk of immune rejection and therefore requires tissue-matching between donor and recipient and involves the administration of immunosuppressive drugs.

Cell and bioartificial tissue transplantation

A variety of autogeneic and allogeneic cell and bioartificial tissue transplantations have been performed. Examples of autogeneic transplants using differentiated cells include blood transfusion with frozen stores of the patient's own blood and repair of the articular cartilage of the knee with the patient's own articular chondrocytes (cartilage cells) that have been expanded in vitro (amplified in number using cell culture techniques in a laboratory). An example of a tissue that

圖1-8 針對詞條進行圖文說明

models of Parkinson disease. In addition, a protein called thymosin beta-4 reverses the effects of myocardial infarction (heart attack) in mice.

Screens of synthetic agents aim to find small molecules that suppress scarring, activate resident stem cells, or reprogram somatic cells into stem cells at the site of tissue damage. One such molecule is reversine, which reprograms skin fibroblasts into a stem-cell-like state, enabling them to participate in the regeneration of injured muscle. Further understanding of the molecular biology of wound repair and regeneration will likely result in the design of combinations of scaffolds and soluble natural factors or synthetic small molecules that confer regenerative capacity on regeneration-deficient tissues.

David Stocum

Additional Reading

Extensive overviews of the biology of regeneration and strategies of regenerative medicine are provided by DAVID L. STOCUM, *Regenerative Biology and Medicine* (2006); and ANTHONY ATALA et al. (eds.), *Principles of Regenerative Medicine* (2008). The development of stem cells and the potential applications of these cells for the repair of damaged tissues is covered in WALTER C. LOW and CATHERINE M. VERFAILLIE (eds.), *Stem Cells and Regenerative Medicine* (2008).

David Stocum

圖1-9 專家署名及延伸閱讀[2]

---

[2] "regenerative medicine." Encyclopadia Britannica. 2009.Encyclopadia Britannica Online. 06 Aug. 2009 <http://www.britannica.com/EBchecked/topic/1515307/regenerative-medicine>.

辭典跟百科全書稍有類似，也都是對某一個條目進行定義，有時也會輔以圖表，但不同之處在於辭典內容較為精簡，且通常不會提供參考文獻等資料。以下同樣以regenerative medicine查詢The American Heritage ® New Dictionary of Cultural Literacy所得到的結果。相較於百科全書，辭典所提供的解釋相對地簡化許多。

Cultural Dictionary

regenerative medicine

A term applied to new medical advances in which an understanding of the human genome allows us to use the body's own mechanisms to heal it. Expected advances include a host of new pharmaceuticals and, eventually, the ability to create new tissues for transplant. (*See* embryonic stem cell.)

The American Heritage® New Dictionary of Cultural Literacy, Third Edition
Copyright © 2005 by Houghton Mifflin Company.
Published by Houghton Mifflin Company. All rights reserved.

圖1-10　辭典條目及解說

利用百科全書和專業辭典可以讓某個主題的範圍更加清晰和明確，對於定義研究題目、範圍有相當的助益，此外由於現今資料庫的連結相當便利，利用「由概論到專論」的觀念找到所需的資料也變得更加簡單，以知名的**葛羅里學術百科全書**線上資料庫 (Grolier Multimedia Encyclopedia Online) 為例，它係由2千9百位專家學者所撰寫，包含4萬多個款目，1萬7千多筆參考文獻，近8千張圖表，除了靜態的文字圖表外，尚有豐富的多媒體資料輔助，並可連結到EBSCO期刊全文資料庫，在閱讀相關資料的過程中還能隨時連結到其他專業學術文章 (Article to Article Links) 或資料庫 (Internet Links)，由此可知，百科全書已經不再是從前我們認為的裝飾品而已，而是一個值得活用的重要入門研究工具。

1-2-2　專書及學位論文

　　書籍和學位論文的出版都是作者閱讀過大量論文之後整理而成的專書，裡面有完整架構和研究方法，在演繹歸納上也都相當詳盡；相較於百科全書類似定律或定義的內容，專書則有比較多的解釋和數據。至於學位論文不但將實驗設備的設計和裝置都陳述的相當清楚，且透過學位論文的發表也可以窺見其他實驗室的設備、正在著手中的實驗和整體研究方向，因此具有參考、比較甚至進行合作的價值。

　　通常圖書和學位論文都是透過圖書館取得，如果所在的圖書館沒有館藏，就必須透過館際合作的方式得到資料。要申請館際合作並不困難，首先必須申請一個帳戶，這個帳戶可以向國、內外各合作圖書館申請圖書期刊資料。

　　首先在全國文獻傳遞服務系統 (NDDS) 申請帳號。

圖1-11　NDDS首頁

　　利用這個帳號可向圖書館及合作單位提出借閱或是複印的申請。值得注意

的是：基於保護著作權的原則，大部分的圖書並不接受全文複印，通常會以章節或是頁數為單位，規範複印的上限，若是確定要閱讀整本書籍，就必須以整本借閱的方式申請。至於學位論文有時會受限於作者的授權而無法借閱，例如是否對校內、外公開？何時解除限制等等。申請成功之後只要等待圖書館通知領件就完成了。

圖1-12 申請國內外圖書館資料

若是不知道資料的館藏地，就必須先查詢聯合目錄再向該館提出申請。

圖1-13 利用聯合目錄找出資料所在地

第一章 文獻與研究的關係

圖1-14 各館有不同的規定及收費標準

1-2-3 會議論文及期刊論文

參與學術會議並且發表會議論文是許多學者表現研究成果的重要管道，舉辦學術會議也是讓同領域學者齊聚一堂、透過現場的演說和討論互動發現研究上的盲點或是激發出不同的想法，進一步可能達到合作研究的目的。

根據William D. Garvey的研究報告指出，80%的物理科學家在口頭發表之後會修改會議論文原稿並且發表在學術期刊上，而根據 Ann C. Weller的研究, 約有五分之一的研究者會在口頭發表之後對原稿進行大幅度的修改，然後發表在學術期刊。

由此可以推斷：會議論文的新穎性要比期刊論文還要高，因為期刊論文通常經過會議論文發表後再修正，還必須經過投稿、同儕審查等程序之後才刊登在學術期刊上，而會議論文的發表有時甚至是幾天前剛完成的實驗成果。值得注意的是會議論文尚未經過審查機制，因此內容的正確性或是完整性都可能稍

有不足。

　　尋找會議及期刊論文通常以圖書館的資料庫為主，例如OCLC FirstSearch 之Proceedings First資料庫、Index to Scienctific & Technical Proceedings(ISTP)、 ACM Digital Library、American Chemical Society Publications-ACS、EI工程學資 料庫等等，但所在單位沒有訂購上述資料庫時就必須以其他的方式補足資料， 例如利用免費的線上資源J-STAGE、Google等或是各種付費的國內、外館際合 作方式取得資料。

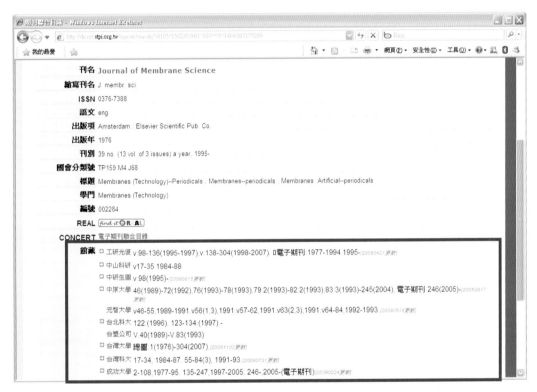

圖1-15　利用NDDS聯合目錄確認館藏地和卷期

　　至於國內的會議資料可以向科技政策中心申請，該中心所收錄的會議論文 係民國80年後在國內所舉辦的學術會議發表的論文，共約28萬篇。

圖1-16　查詢畫面可連結至申請畫面

　　利用Google圖書也可以搜尋到會議論文集，而Google學術搜尋則可以檢索單篇論文及會議論文。這兩項工具的詳細介紹請見本書第二章及第四章。

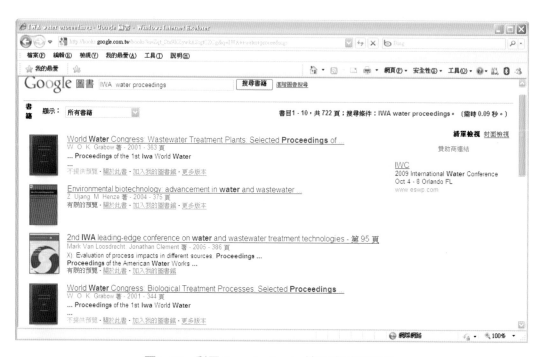

圖1-17　利用Google Books搜尋會議論文集

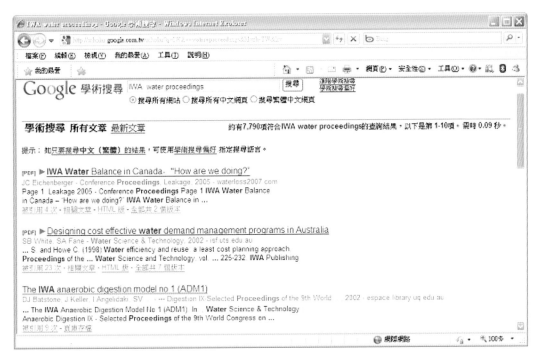

圖1-18　利用Google Scholar搜尋會議論文

1-2-4　專利資料

　　與學術論文同樣都是研究成果的展現，專利資料的判讀卻又是另一項相當重要的課題。根據世界智慧財產組織的報告指出：專利說明書的內容含有90%~95%的研發資訊，其中大約有80%是未曾發表於期刊的重要資料，如果善用專利資訊可以節省60%的研發時間及40%的研發經費，其效益不可小覷。至於研究成果亦可透過申請專利而得到保護，許多學術研究成果會在申請專利之後才公開，例如許多博碩士論文在完成之後會選擇暫不公開，因其具有商業價值等考量。因此研究人員在蒐集資料的同時，絕對不可以忽略專利資料的重要性。

　　完整的專利檢索可以獲得哪些益處？首先可以了解產業目前的技術應用層次、競爭者的實力，並且了解自己在技術市場上的定位，此外亦可保護自我的權利，以免被他人侵犯而不自知。再者，透過專利判讀可以了解產業的趨勢，

我們可以藉此調整投入的資源做最有效益的分配。

通常我們會透過以下幾個管道蒐集專利資料。

1.美國專利商標局 (USPTO)：免費，自1790年起開始收錄，目前每星期更新一次資料，1976年1月之後的專利可以進行全文檢索，在此之前的專利則只能利用專利號或者專利分類號檢索。

2.歐洲專利局 (esp@cenet)：內容包括歐洲專利局及歐洲組織成員國的許可專利文獻，以及世界智慧產權組織專利 (WIPOPCT)、日本公開特許 (PAJ)，甚至全世界50多個國家超過3千萬件以英文撰寫的專利，亦提供專利家族的查詢。訂購EI工程學資料庫的單位亦可由該資料庫連結至esp@cenet。

3.世界知識財產組織 (WIPO) PCT電子公報：免費，收錄了1978年至今的專利申請原始資料。專利全文影像係連結至歐洲專利局的esp@cenet資料庫，若使用者申請專屬帳號則可連結到其他21國智慧財產權機構。

4.日本特許廳專利檢索網站 (PAJ)：「特許」即日文的「專利」之意。本資料庫免費供大眾使用，有日文和英文兩種介面，但收錄的範圍不同，日文介面可以閱讀專利資料全文，而英文介面則只能看到1976年之後公開特許的英文摘要。

5.Google Patents：免費。Google Patents的資料來自於USPTO的7百多萬筆資料，但是透過Google相當友善的操作介面讓專利檢索變的很輕鬆。雖然目前看來Google Patents的更新速度和提供的功能都不及USPTO來的強大，但是Google背後龐大的資料庫卻是構成完整知識水庫重要的材料。

此外還有IBM公司開發的Delphion 知識產權網 (Delphion Research Intellectual Property Network)、化學摘要服務社 (CAS) 發展的STN檢索系統的化學專利資料庫、中國國家知識產權局專利信息檢索系統等等。

圖1-19 esp@cenet 資料庫檢索畫面

圖1-20 日本專利檢索網站IPDL

Part 1

文獻介紹及Google 資料庫

2-1　Google簡介

　　1995年Google的創辦人美國史丹福大學的研究生Larry Page以及Sergey Brin憑藉其資訊工程的專長，開發名為BackRub的搜尋引擎，後來正式更名為Google，其創意來自於Googol這個字，原意為1後面接100個零，也就是1 googol等於10^{100}。由於數字龐大，正好符合這個搜尋引擎的使命：整合全球無限的資訊，使人人皆可訪問並從中受益。其後昇陽電腦 (Sun Microsystems) 看好Google的遠景，投資10萬美元，開啟了日後Google Inc.的新頁。

　　Google可說是目前全球最大的搜尋引擎，現代人幾乎只要提到資料搜索都絕對離不開Google搜尋，正因為它的操作方法相當簡易，又可以在短時間內找到相當豐富的資料，因此已經成為許多人不可或缺的工具。查詢所得的結果遠多於許多搜尋網站，而且可以搜尋的資料類型至少包括以下幾種格式：

- Lotus 1-2-3 →.wk1、.wk2、.wk3、.wk4、.wk5、.wki、.wks、.wku
- Lotus WordPro →.lwp
- MacWrite →.mw
- Microsoft Excel →.xls
- Microsoft PowerPoint →ppt
- Microsoft Word →.doc
- Microsoft Works →.wks、.wps、.wdb
- Microsoft Write →.wri
- Portable Document Format →.pdf
- PostScript language →.ps
- Rich Text Format →.rtf
- Shockwave Flash →.swf
- 純文字檔 →.ans、.txt
- 超文件標示語言 (HyperText Markup Language) →.html

圖2-1　Google歷史進程

　　在使用Google之前，我們可以先註冊一組帳號，將來有許多個人化的服務都將透過這組帳號進行辨識、儲存或是傳送。註冊的方式相當簡單，首先，開啟Google的首頁 (www.google.com.tw)，點選Google首頁右上方的「登入」。

圖2-2 以個人帳號登入Google

　　如果已經擁有Google帳號的話可以在此登入，如果尚未申請帳號，則可按下「現在就建立一個帳戶」，進入申請畫面。

圖2-3 建立個人帳戶

　　就如同圖2-4所示，此處只須要簡單的填入一些個人資料就完成了申請的手續。

圖2-4　填入個人資料

　　事實上，Google Inc.除了提供搜尋引擎的Google網頁查詢之外，還提供許多實用的資訊產品，例如：Google地圖、Google新聞、Google學術搜尋、Google圖書搜尋、Google瀏覽器、Google快訊、Google部落格等 (見圖2-5)，並且持續增加當中。由於本書的撰寫目的係滿足學術、專業研究之資訊需求，故僅就與研究和論文寫作較相關的Google工具做深入介紹。

圖2-5 Google提供的各種免費產品

2-1-1 Google搜尋

提到Google，大部分的人或許都會聯想到如圖2-6的畫面：一個簡單乾淨的搜尋介面，只要輸入關鍵字，按下Google搜尋，就可以在不到一秒的時間之內找到數筆至數百萬筆資料。Google之所以如此受歡迎，其中一個很重要的因素就是使用者可以自由地輸入任何字詞，即使是相當口語的詞彙一樣可以進行檢索。最基本的資料查詢方式就是直接輸入關鍵字，首先，試以「童國倫 TUNG KUO LUN」為關鍵字進行查詢。

此時，Google會自動將每個字之間以and進行運算，也就是中文的「和」、「與」的意思，意指網頁中必須同時具有「童、國、倫、TING、KUO、LUN」。但是當我們輸入的關鍵字當中含有停字 (stop word)，例如：a、how、 the、in、from、to、there、with、http、.com以及「的、是、在」等字時，系統將會自動略過，因為這些字串幾乎會出現在每一篇文章當中，對這些文字進行檢索只會花費時間卻對搜尋結果沒有多大的改變。

圖2-6　簡易的搜尋方式

利用「Google.com in English」可切換到英文介面。

圖2-7　Google搜尋之英文介面

　　按下「Google搜尋」或是「Google Search」就會開始進行搜尋，搜尋的結果會依照相關程度排序，出現在最上方的網頁通常是最符合搜尋條件的網頁；至於圖中的「好手氣」或是「I'm Feeling Lucky」則是為使用者節省時間的設計，當我們輸入檢索詞之後，按下「好手氣」，Google會直接開啟最相關的網頁，我們就不需要一一檢視再點選。這個方式比較適合目標明確的網頁，例如：「國科會研究人才查詢」、「台灣大學圖書館」、「NASA」等等。如果我們並沒有明確的目標網頁，而是純粹想要瀏覽相關網頁的話，還是以點選「Google搜尋」為佳。

　　希望搜尋出來的資料能更加精確，可以利用空格右方的進階搜尋進入如圖2-8的畫面。紅框A內的空格讓使用者填入想要檢索的關鍵字，紅框B則是讓使用者限定檢索的條件，讓查詢結果更加符合我們所需。

圖2-8　Google進階搜尋畫面

　　當關鍵字輸入完畢之後，按下Google搜尋，然後會得到如圖2-9、2-10這樣的結果。

切換至其他Google工具　　　「台灣的網頁」表示限定於.tw的網頁

本次搜尋之統計資料欄

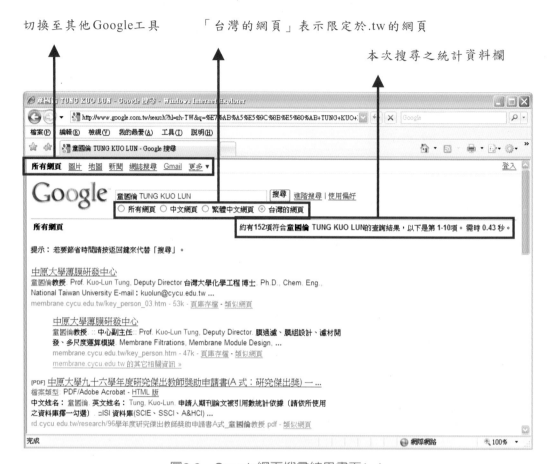

圖2-9　Google網頁搜尋結果畫面(一)

資料來源

同一網站中找到之不同網頁資料

圖2-10　Google網頁搜尋結果畫面(二)

　　如果發現找到的資料還是太龐雜，我們也可以點選網頁最下方的「在此搜尋結果的範圍內查詢」，然後增加其他搜尋條件做進一步的資料過濾。

第二章　利用Google一網打盡

圖2-11 縮小查詢範圍

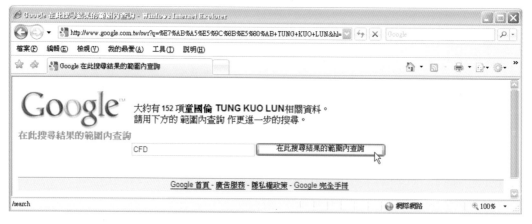

圖2-12 增加更多查詢條件

圖2-13　新的搜尋結果

圖2-14　個人化地修正查詢結果

　　通常Google會依據我們輸入的關鍵字提供許多的相關網頁讓我們瀏覽取捨，其中會有我們特別滿意的，也有我們認為完全無關的結果，此時我們可以利用圖2-14紅框中的各項功能進行個人化的設定，將來當我們用同樣的關鍵字進行查詢時，查詢的結果就會依照我們設定的規則來排序，以下將簡單說明。

⬆	將本網頁出現的順序移到最上方。	
⬆	經過調升之後的網頁將會出現此標誌以供辨識。	
⬇	回復原本排序。	
☒	移除這個網頁，下次查詢時不要再出現。	
⊙	針對網頁撰寫評論、心得或其他註記。	
⊞新增結果	將我們認為最適合的網頁結果填入空格中。(圖2-17)	

圖2-15　回復出現的順序

圖2-16　檢視被移除的網頁

圖2-17　新增一個更符合所需的網頁

2-1-2　關鍵字的選用

　　Google搜尋給予使用者相當大的自由度，不論輸入的文字是何種語言、專有名詞或是口語幾乎都來者不拒，但稍加注意以下幾點將會使資料搜尋變得更容易。

　　1.英文大、小寫字母被Google視為相同文字。

　　2.可接受的關鍵字數為十組，超過的部分將會被忽略。

　　3.單數名詞和複數名詞被視為不同的字，動詞的各種變化所得到的結果也不同，因此當我們發現搜尋結果並沒有我們想要的答案時，應該要考慮更改單複或變化後再查詢一次。

圖2-18 單複數名詞視為不同字

4.連續的數字會被當成一個組詞。以行政院國家科學委員會的電話為例查詢台灣的網頁:輸入27377992時,得到1350結果。如果加上連字號,查詢的結果將有所不同,例如輸入2737-7992時會得到7230項結果。(2009/08/03查詢)

5.文字和數字以外的符號,例如標點符號、^、( )等會被略過。

6.連字號 (Hyphen) 會影響查詢結果。我們就「state of the art」為關鍵字,分別嘗試加或不加連字號「-」,結果得到以下系統回應,表示連字號在檢索中是被計入而非被忽視的。

圖2-19　完全不加連字號

圖2-20　加入一個連字號

第二章　利用Google一網打盡

圖2-21 全部以連字號相接

　　7.輸入繁體中文，Google會同時以相對的簡體中文進行搜尋。例如輸入「数学符号」，Google會將「數學符號」一併找出來。

　　8.英文對我們來說並不陌生，但是在輸入某些歐洲文字時就會比較吃力，有時我們會用英文來代替，例如輸入a代替ä，輸入u代替ü，還好Google是個很聰明的工具，它會自動判別可能的語言然後將結果列出。但是必須了解一點，輸入Häuschen Grübeln與輸入Hauschen Grubeln所出現之查詢結果的多寡並不相同。

圖2-22 Google會自動判別可能的語言

圖2-23 輸入Häuschen Grübeln得到較多查詢結果

2-2　Google指令及運算元

　　顯而易見地，單單輸入關鍵字，其結果不甚精確。如果我們可以熟記一些常用的搜尋語法，將查詢的結果限制在某些條件之下，例如限制資料的檔案類型為.pdf檔、限制資料必須出自於某網站等，那麼將可以大大減少後續篩選資料的時間。以下將介紹實用的Google運算元 (operator)。

第二章　利用Google一網打盡

表2-1　Google運算元及其用法

運算元	解釋及用法
+	數學的加號。即使後方接續的文字是所謂的「停字」，也強制Google進行搜尋。+號的前方要空一格。 例：lesson +"with or without"，會出現如：Effective Lesson Planning with or without Technology的結果。
-	數學的減號。表示排除後方的字，如果網頁含有減號的字就不要顯示。 例如：camera -battery
" "	雙引號。表示要搜尋的是一個片語，不可以分散在不同處。 例如：輸入「Allan Smith」，表示只要網頁內文中出現這2個字，不論順序都算合乎條件，例如：Smith, Allan；但是如果輸入「"Allan Smith"」，則表示一定要符合這樣的順序才合格。 在撰寫英文的時候，可以利用" "搭配*號，找出最恰當的慣用句； 例如：「"like to * best regards"」可以找到： We would like to send best regards to all friends of the Foundation and… I would like to convey best regards of Turkish people… 因此我們在撰寫的時候就可以利用這樣的方法輪用不同的動詞以避免文章死板。
*	星號。這是萬用字元的通用符號，表示一個單字。 例如：Butterfly *，可以表示 Butterfly effect、Butterfly photo等。 但是無法以butterf*找到butterfly，因為在Google當中 * 表示一個完整的單字，而非尚未完成文字的剩餘部分。
OR	或。一定要使用大寫字，否則會被Google當作是停字並且被忽略掉。 例如：butterfly OR dragonfly。 又，Google在辨識一個字的時候並不會將不同時態的字一併查詢出來，因此我們可以利用OR將可能的時態列出； 例如："someone gave OR gives you a"
#..#	數字和數字之間輸入兩個句點，表示介於兩個數字之間。 例如： "japanese english dictionary" $80..100 social welfare network child OR children age1..6
~	尋找同義字。 例如：~survey，會出現包含Research、Study、Statistics等字的網頁。
fy	也可以直接使用中文指令「翻譯」。注意：此指令不須要冒號 (：)。 例如：fy revolution、翻譯 butterfly effect

圖2-24　Google翻譯指令實例

　　按下 **法國大革命** 的翻譯： 中文(繁體) » 英文 會進入Google字典 (而非Google翻譯) 的頁面。在Google字典中可以看到更詳盡的解釋 (參見7-4翻譯工具)。

圖2-25　Google字典可對譯多國文字

　　除了介紹Google運算元之外，接下來要介紹Google語法，同樣的，Google語法可以將搜尋的資料限縮於特定條件之中。

表2-2　Google搜尋標的之適用語法

搜尋標的	可用之Google語法
網頁 Web Search	allinanchor:, allintext:, allintitle:, allinurl:, cache:, define:, filetype:, id:, inanchor:, info:, intext:, intitle:, inurl:, link:, phonebook:, related:, site:
影像 Image Search	allintitle:, allinurl:, filetype:, inurl:, intitle:, site:
網上論壇 Groups	allintext:, allintitle:, author:, group:, insubject:, intext:, intitle:
網頁目錄 Directory	allintext:, allintitle:, allinurl:, ext:, filetype:, intext:, intitle:, inurl:
新聞 News	allintext:, allintitle:, allinurl:, intext:, intitle:, inurl:, location:, source:
Product Search	allintext:, allintitle:

資料來源：http://www.googleguide.com/advanced_operators.html

　　以下指令後面的冒號「：」和關鍵字之間並不須要空格，直接將關鍵字接在冒號之後就可以了。

　　cache:在冒號的後方直接輸入URL，可以查閱該網站的舊網頁，也就是在一般網頁搜尋當中所看到的「頁庫存檔」或「Cached」的連結畫面。這個功能適用於尋找某些失效網站的舊畫面。

圖2-26　cache:指令的用法

圖2-27　Google提供頁庫存檔 (Cached) 的瀏覽－中文介面

第二章 利用Google一網打盡

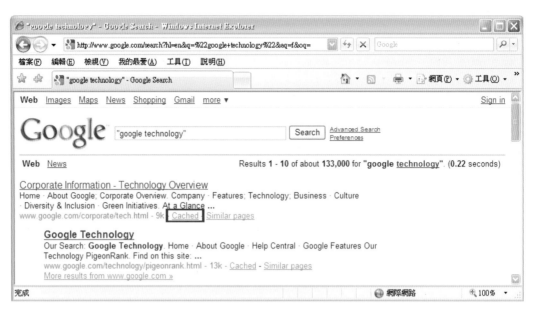

圖2-28　Google提供頁庫存檔 (Cached) 的瀏覽－英文介面

define:利用define對於關鍵字進行定義。例：「define:revolution」。Google除了會找出網路上的定義之外，還會列出相關字詞提供延伸思考。

圖2-29 define:指令的用法

　　filetype:尋找特定檔案格式的資料。例如輸入：filetype:pdf可以找到pdf檔的
資料。除此之外，還可以找到本書1-1所提到的各類型資料。

圖2-30 filetype:指令的用法

group:這個指令只適用於Google網上論壇內搜尋相關的資料。

intext:以及allintext:關鍵字必須出現在網頁的正文中。如果有數個關鍵字時，intext:表示其中一個出現在正文就算是符合條件，但是allintext:表示全部的關鍵字都必須出現在網頁正文中，所以找到的資料筆數也會比較少。

圖2-31 intext指令的用法

　　intitle:以及allintitle: 關鍵字必須出現在網頁的標題中。如果有數個關鍵字時，intitle:表示其中一個出現在標題就算是符合條件，但是allintitle:表示全部的關鍵字都必須出現在網頁標題中。

第二章 利用Google一網打盡

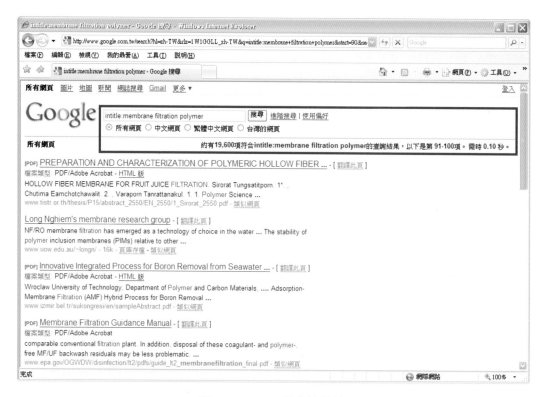

圖2-32　intitle指令的用法

圖2-33　allintitle指令的用法

　　inurl:以及allinurl:當網址出現我們輸入的關鍵字時，Google會將結果顯示出來，並用粗體字標示。同樣的，inurl表示只要網址出現其中一個 (以上) 的關鍵字就符合條件，allinurl則表示全部的關鍵字都必須出現在網址當中。例如：「allinurl:mit news」。

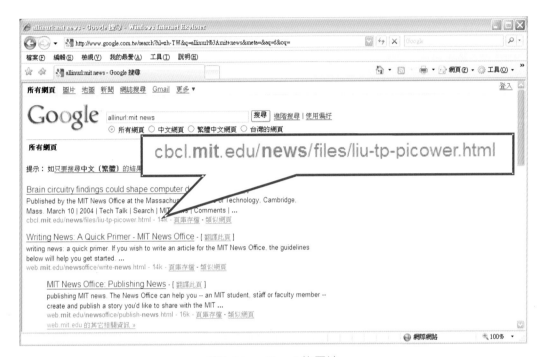

圖2-34　allinurl:的用法

　　link:利用這個功能可以迅速得知有那些網頁連結到某個網站。換言之，可以透過這個功能進一步瀏覽其它相關的網站；也可以得知自身網站的熱門程度，以及區域甚至全球知名度。

圖2-35 link:指令的用法

related:其後輸入網址，可搜尋出與這個網頁相關的資料。例如輸入：related:membrane.cycu.edu.tw，可以找到29項相關的結果。

圖2-36　related:指令的用法

site:限定資料必須出自於某網站。例如：filtration site:www.cycu.edu.tw

圖2-37　site:指令的用法

info:利用這個指令可以同時透過各個管道尋找相關的資訊，

圖2-38 info:指令的用法

表2-3 info：指令之相關連結

資料來源	相同意義之Google指令
Google頁庫	cached:
類似	related:
連結	link:
連結自	site:
內容	" "

2-3 iGoogle 個人化網頁

　　除了常見的Google網頁搜尋畫面之外，Google也為個人量身訂作專屬的個人化首頁，隨個人喜好選擇Google背景以及常用的欄位和功能。設定的方式相當簡單，首先登入Google帳戶，在一般Google網頁搜尋的畫面中按下 <u>iGoogle: 台灣首頁</u> ，就會進入iGoogle的畫面。

圖2-39　點選iGoogle台灣首頁

進入iGoogle的畫面。

圖2-40　個人化網頁設定─iGoogle

按下「挑選藝術家主題」可以讓使用者自己選擇一個喜歡的背景。

圖2-41　選定iGoogle的主題背景

圖2-42　更換主題背景

　　按下「新增小工具」可以把各類的工具放在iGoogle的首頁，左方是各類工具的分類，按下「最多使用者」可以參考其他人覺得最被需要的工具為何。假設我們覺得BBC News相當的實用，想要放在iGoogle首頁，那麼只要按下「立即新增」就可以了，其他的工具也是依據這樣的方式增加，按下左上方的 **«返回 iGoogle 首頁** 就完成了。

圖2-43 增加Google翻譯至iGoogle首頁

回到iGoogle首頁，檢視設定的結果。

圖2-44 已新增BBC News至iGoogle

圖2-45　以拖曳方式調整工具的位置

　　如果要取消某個工具，只要按下工具上方的  就可以關閉。

　　iGoogle除了首頁之外，另外還可以設定其它的專題分頁，例如以語言學習為主、以財經新聞為主或是以娛樂為主的主題分頁。按下左上方的「新增分頁」，接著會跳出一個對話窗，詢問新分頁名稱，不論是輸入中文或是其他語言都可以，Google會自行配置相關的工具至新分頁上，如果Google找不到相關的工具，那麼這一頁將會是空白頁，由使用者自行加入所需的工具。同樣的，分頁也可以選定一個喜愛的背景，不一定要與首頁相同。

圖2-46　新增主題分頁

圖2-47　輸入新主題頁的名稱

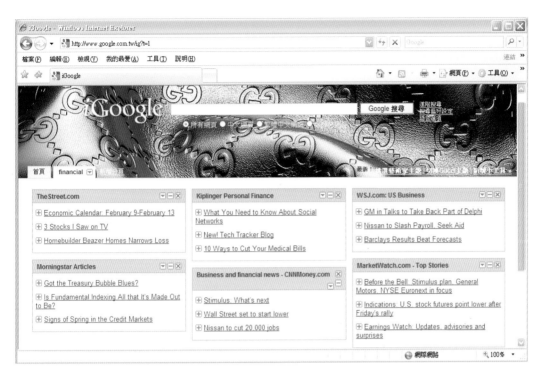

圖2-48　主題為Financial的分頁

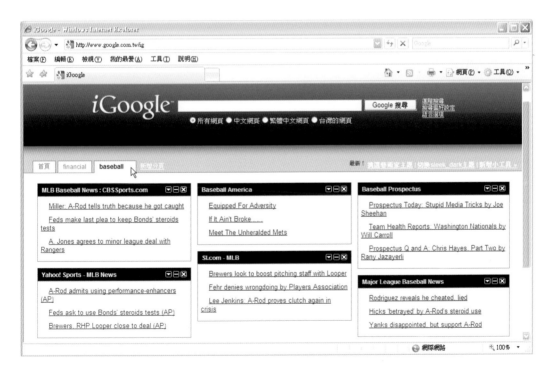

圖2-49　分頁亦可變更版型

Part 1

文獻介紹及Google資料庫

　　利用Google著手進行資料搜尋應從什麼地方開始呢？由於Google檢索多為關鍵字檢索，而非目錄、索引式的搜尋，因此擬訂關鍵字是相當重要的工作。當然，除了檢索Google之外，其它的資料庫檢索也適用這樣的方式。

3-1　關鍵字檢索

　　首先，先概略地想好幾個檢索字/詞，接著向外延伸至同義詞 (Synonym)、相關詞 (Related Term，RT)，以免找到的資料有所遺漏，例如飛機，除了airplane之外，尚有plane、jet、jet plane等說法。如果繼續擴充，也可以加入相關詞helicopter (直升機)、sailplane (滑翔機) 等。利用Google查詢功能中的「包含任何一個字詞」就可以找到所有與這些關鍵字相關的資料。

　　當然我們也必須思考一字多義的情況。例如adapter可能指「變壓器」，也可以指「插座轉接頭」，甚至相機鏡頭的「轉接環」，如果發現了一字多義的情形，應想辦法加以排除，若是利用Google查詢功能中的「不包括指定字詞」進行設定，我們可以填入camera表示搜尋到的資料內容不能夠出現camera這個字，也就是與「相機」不相關的資料。

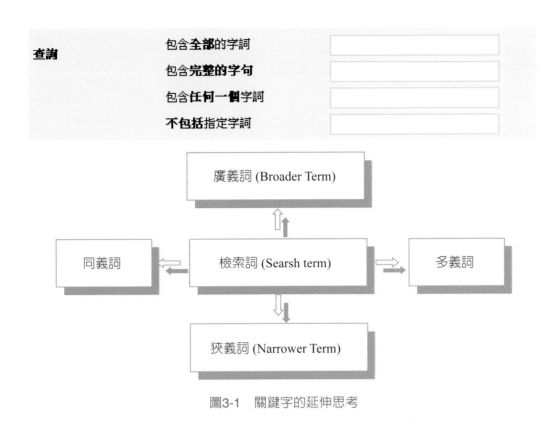

圖3-1　關鍵字的延伸思考

3-1-1　同義字、相關字

　　至於同義字和相關字的搜尋，除了紙本的資料－例如Longman synonym dictionary-之外，也可以在網路上找到免費的資源，例如Google字典和yahoo字典：

圖3-2　Google字典

圖3-3　Yahoo字典的同義、反義字

　　也可利用define:指令找出相關字詞 (見圖2-29)，或在Google網頁查詢下方的相關搜尋當中尋找熱門的字詞組合。

圖3-4　Google網頁搜尋的相關字詞搜尋

　　而較正式的查詢則可以利用圖書館的資源，例如各圖書館的同義字詞典。

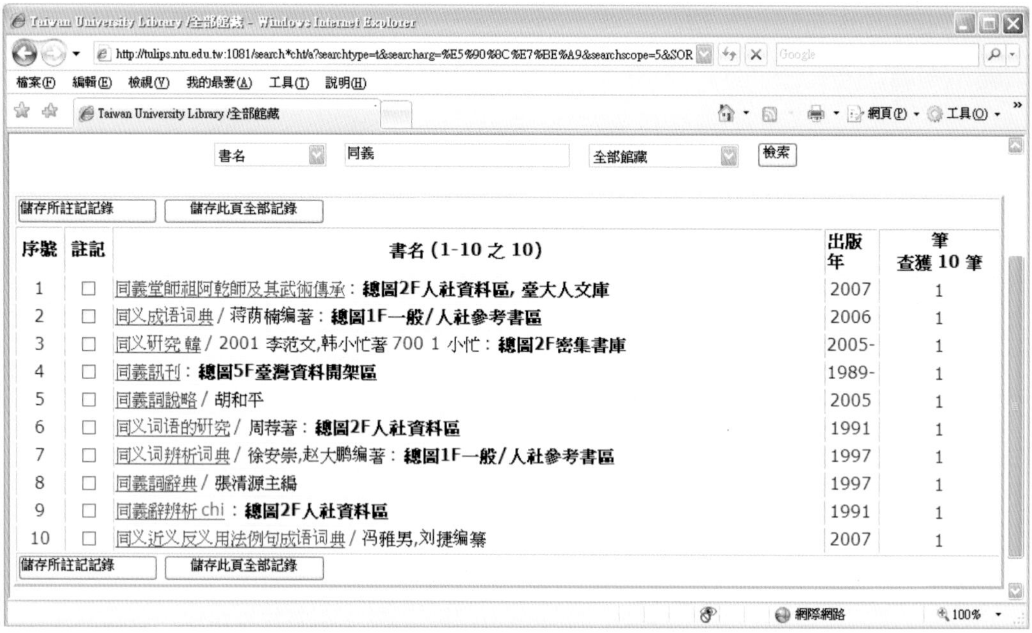

圖3-5　台大圖書館館藏之同義字資料

　　如果發現找到的資料過少，可以向上尋找廣義詞 (Broader term，BT)，反之則向狹義詞 (Narrower term，NT) 進行限縮。

　　廣義詞和狹義詞是一種階層的概念，就像是生物的分類一樣，從界、門、綱、目、科、屬、種逐層細分。而廣義詞的範圍涵蓋狹義詞。例如：「植物」以及「玫瑰花」，此時「植物」很明顯的是屬於廣義詞，當關鍵字所涵蓋的範圍愈廣，找到的資料就會愈多，但愈不精確。

玫瑰

廣義詞	界	植物界
	門	被子植物門
	綱	雙子葉植物綱
	目	薔薇目
	科	薔薇科
	屬	薔薇屬
狹義詞	種	玫瑰

熊貓：

廣義詞	界	動物界
	門	脊索動物門
	綱	哺乳綱
	目	食肉目
	科	熊科
	屬	大熊貓屬
狹義詞	種	大熊貓

3-1-2　索引典

　　要找出適合的關鍵字，並聯想其上下關係和同義字，有時候並非那麼容易，此時我們可以利用「索引典」(thesaurus) 幫助我們快速掌握各種延伸關係。通常圖書館都會訂購各領域的索引典，例如：化學工程索引典、人物傳記索引典、科技索引典、醫學索引典等。它可以讓使用者查詢意義相近或是同義詞，其符號為USE 以及UF (Use For)，如果是屬於廣義或是狹義關係，其符號為BT (Broader Term) 或是NT (Narrower Term)，若是相關的詞彙則會使用RT (Related Term) 表示。此類書籍為工具書，多置於圖書館的參考書區，為限館內閱覽而不可外借的資料。

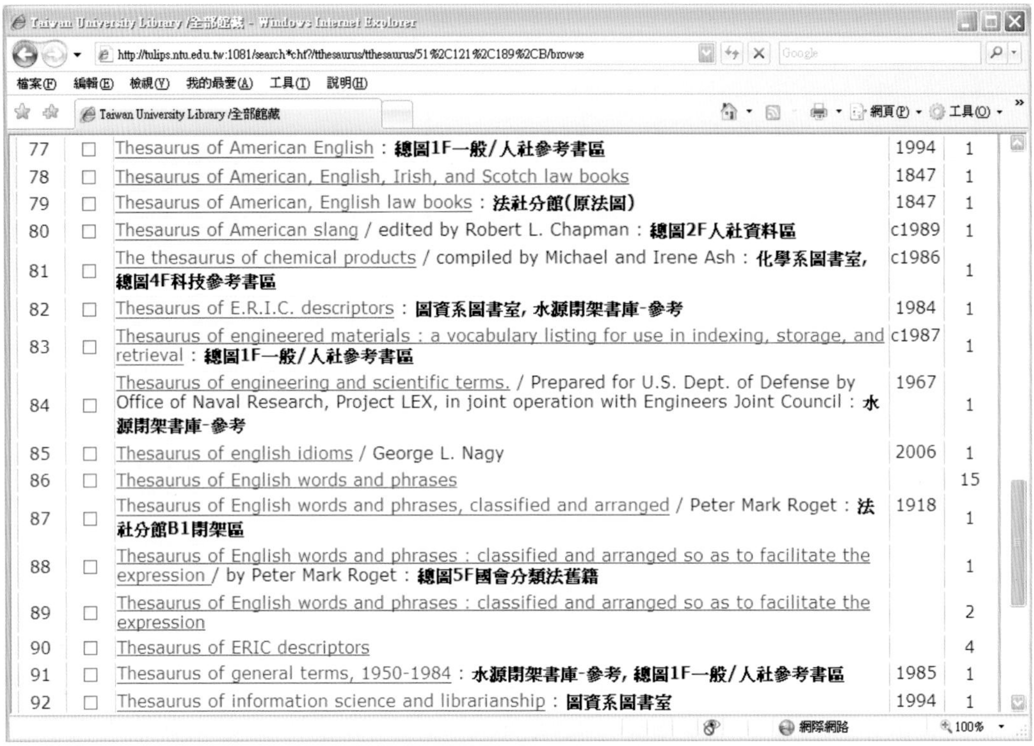

77	☐	Thesaurus of American English：總圖1F一般/人社參考書區	1994	1
78	☐	Thesaurus of American, English, Irish, and Scotch law books	1847	1
79	☐	Thesaurus of American, English law books：法社分館(原法圖)	1847	1
80	☐	Thesaurus of American slang / edited by Robert L. Chapman：總圖2F人社資料區	c1989	1
81	☐	The thesaurus of chemical products / compiled by Michael and Irene Ash：化學系圖書室, 總圖4F科技參考書區	c1986	1
82	☐	Thesaurus of E.R.I.C. descriptors：圖資系圖書室, 水源閉架書庫-參考	1984	1
83	☐	Thesaurus of engineered materials : a vocabulary listing for use in indexing, storage, and retrieval：總圖1F一般/人社參考書區	c1987	1
84	☐	Thesaurus of engineering and scientific terms. / Prepared for U.S. Dept. of Defense by Office of Naval Research, Project LEX, in joint operation with Engineers Joint Council：水源閉架書庫-參考	1967	1
85	☐	Thesaurus of english idioms / George L. Nagy	2006	1
86	☐	Thesaurus of English words and phrases		15
87	☐	Thesaurus of English words and phrases, classified and arranged / Peter Mark Roget：法社分館B1閉架區	1918	1
88	☐	Thesaurus of English words and phrases : classified and arranged so as to facilitate the expression / by Peter Mark Roget：總圖5F國會分類法舊籍		1
89	☐	Thesaurus of English words and phrases : classified and arranged so as to facilitate the expression		2
90	☐	Thesaurus of ERIC descriptors		4
91	☐	Thesaurus of general terms, 1950-1984：水源閉架書庫-參考, 總圖1F一般/人社參考書區	1985	1
92	☐	Thesaurus of information science and librarianship：圖資系圖書室	1994	1

圖3-6　以thesaurus為關鍵字檢索台大圖書館館藏

當然也有電子版本的索引典，舉例來說，許多大專院校都會訂購工程學索引資料庫 (Ei Village 2，通稱為Ei)，其中就有相當實用的索引典 (thesaurus) 功能。當我們輸入關鍵字filtration，並按下submit，資料庫將會自動顯示出與關鍵字相關的詞彙。

圖3-7　EI資料庫平台之Thesaurus資料庫

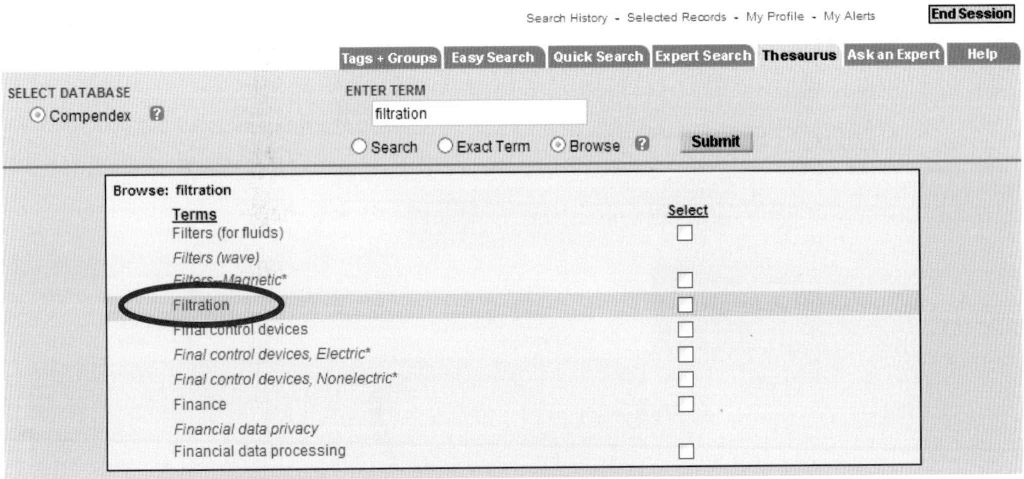

圖3-8　與Filtration相鄰的字詞

點選 **Filtration** 就可以進一步瀏覽其相關詞彙。

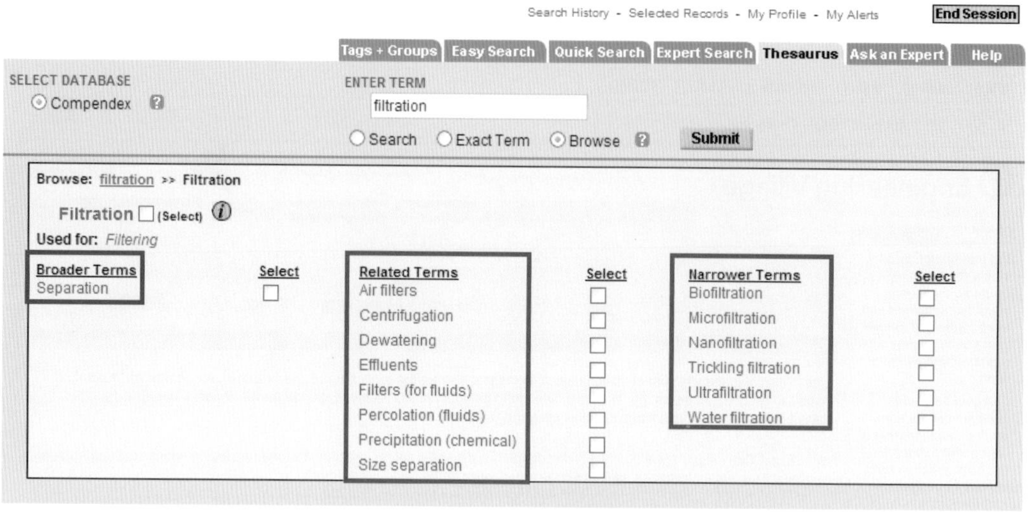

圖3-9　Filtration相關詞彙一覽

　　至於網路上當然也有許多免費的索引典。利用Google輸入「索引典」或是「thesaurus」就可以發現一些免費的資源，例如淡新檔案索引典：

圖3-10　淡新檔案索引典(一)

繼續點選「保甲」可以進一步瀏覽其相關的廣義詞和狹義詞。

圖3-11　淡新檔案索引典(二)

　　利用各式工具輔助我們在尋找資料時更貼近需求是相當重要的事情。唯有取得真正有用的資料才不浪費之後閱讀、分析的工夫，因此，瞭解問題的所在，並且知道如何解決它是現代人必須具備的資訊素養。

3-2　快訊通報

　　利用關鍵字進行檢索，找到的是既存的資料，但也許下一秒鐘Google就收集到新的、符合我們所需的資料，為了節省檢索相同條件的資料所耗費的時間，我們可以利用「Google Alert」也就是「Google快訊」的功能，搭配訂閱

RSS (Really Simple Syndication) 來持續追蹤未來資料。圖3-12表示資料檢索和時間的關係，目前已經存在的資料我們當然會使用搜尋 (search) 的方式去發掘它，至於未來可能會發表的文章就交給快訊通報免費服務，讓新資訊自動送上門。

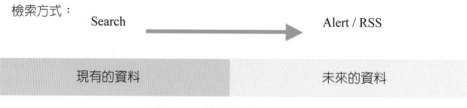

檢索方式：
Search   Alert / RSS

現有的資料   未來的資料

圖3-12　檢索與時間的關係

3-2-1　Google快訊 (Google Alert)

　　首先進入Google快訊首頁http://www.google.com/alerts，將我們要追蹤的"digital camera" adapter OR adaptor -battery -phone當做檢索的條件輸入到空格中。既然這是Google快訊服務，當然可以接受Google運算元" "、OR、- (減號)等運算條件。

第三章　資源檢索技巧

圖3-13 建立Google快訊

圖3-14 完成快訊設定

我們也可以按下右方的修改以變更搜尋條件。

第三章 資源檢索技巧

圖3-15　修改搜尋的條件

　　Google快訊的資料來源為1.新聞資料和2.網頁資料，新聞資料取自於
Google News (Google新聞)，而網頁資料取自Google網頁檢索的結果。

　　點選 "digital camera" adapter OR adaptor -battery -phone，將可以閱覽符合條件的新
聞資料。

圖3-16　Google News的畫面

　　每個國家的Google 新聞都有不同的資料來源，例如台灣版有350個新聞來源，日本版有610個以上的新聞來源，而美國版則有超過4500個資訊來源。

圖3-17　Google News有多國版本

　　設定了快訊通知之後，未來只要發現任何符合條件的資料時，就會以電子郵件的方式通知我們，也就是說使用者可以以逸待勞，等待Google替我們完成自動完成資料搜尋。

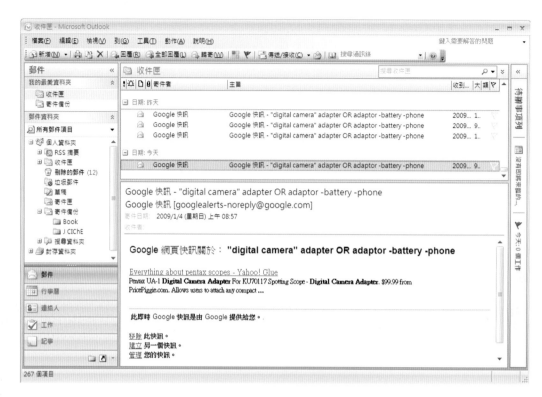

圖3-18　Google快訊通知畫面

3-2-2　RSS 新聞訂閱系統

對於學術研究者來說，Google快訊的資料似乎不夠學術性，但是對於掌握最新的業界、學界新聞卻頗有幫助。如果我們需要比較深入的研究資料則應搭配RSS的使用。如果透過RSS鎖定Google Patent (Google專利搜尋) 以及Google Scholar (Google學術搜尋) 的資料，則可以收集到較為深入的學術、研究型內容。

RSS是Really Simple Syndication的縮寫，也被稱為「簡易供稿系統」、「簡易聯合訊息訂閱」、「聯合供稿閱讀器」。假設我們現在持續追蹤數十個新聞／部落格／資料庫的資料，為了不錯失資料發表的第一時間，我們必須要經常造訪這些網站，想當然爾，每天花費的時間將非常可觀，而且該網站也許並沒有更新內容，反而浪費我們許多追蹤的時間。為了解決這樣的問題，有些網站

提供電子報，將最新資訊寄到電子信箱中。但是並非每個網站都提供電子新聞的訂閱功能，而且電子新聞的訂閱都是由資料提供者統一發出，無法滿足特殊檢索的條件 (例如前文所舉的例子："digital camera" adapter OR adaptor -battery -phone)。此外，有些使用者不喜歡提供個人資料以申請電子新聞、不願意提供私人電子信箱、不願意被新郵件不斷騷擾，因此若能夠將所有追蹤中的資訊集中於一處，我們只須每天固定打開閱讀軟體 (RSS reader)，就可以瀏覽來自各網站的最新資料，這樣一來就可以解決上述問題，而這也是RSS之所以出現的主要背景。

圖3-19　天下雜誌網站之RSS訂閱實例

RSS reader (RSS閱讀器) 是一種閱讀軟體，有軟體版以及網路版兩種。圖3-19為天下雜誌的網站，畫面上可見其提供了三種閱讀軟體的連結：Firefox、RssReader以及SharpReader供訂閱者擇一下載。而Office Outlook 2007軟體也提供RSS閱讀器功能，由於Office Outlook是一個相當普及的應用軟體，對於不想下載額外軟體的使用者而言，直接使用Outlook 2007的RSS閱讀器也不失為一個相當便利的選擇。

圖3-20　Office Outlook 2007之RSS閱讀器

　　至於功能龐大的Google當然也提供了Google reader (Google閱讀器) 供使用者選用，與上述所提到的閱讀器不同，它是屬於網路版的閱讀器，不論使用者身在何處，只要能連上網路就可以輕鬆開啟並閱讀所訂閱的資訊。

圖3-21 由Google首頁進入Google閱讀器

圖3-22 Google閱讀器畫面

各站最新文章

可隨時新增欲
訂閱的網站

訂閱網站一覽

圖3-23　同時訂閱多個網站資料

　　要訂閱網站資料非常的簡單，只要按下 ➕ 新增訂閱 就可以隨時加入新的追蹤。假設我們希望某部落格或新聞網站一旦有新文章出現就匯入RSS閱讀器，只須複製該網站的網址，再貼到空格即可。如此一來我們只須開啟RSS閱讀器就可以同時檢閱所有的更新。

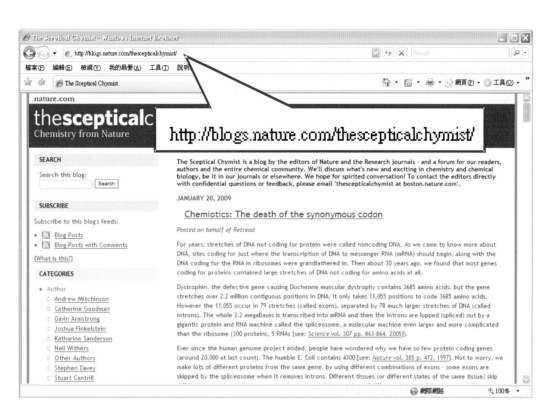

圖3-24　複製部落格網址

　　當我們看到網頁上出現 XML 或是 RSS 時，就表示這個網站提供RSS
服務。有些網站每天發布大量的消息，因此會將資訊加以分類，讓訂閱者可
以只挑選其中某部份的新聞。以台大圖書館網站為例，我們可以在首頁看到
RSS 資訊服務 的圖示，點選之後可以看到資訊分類的畫面，點選想要訂閱的分
類，複製該分類的網址 (URL) 後，同樣貼在 新增訂閱 的空格中，按下「新
增」就完成了。

圖3-25 利用Google閱讀器訂閱網站新聞

至於Google Patent Search (Google專利檢索) 則可以允許使用者以檢索條件追蹤資料 (見圖3-26)。

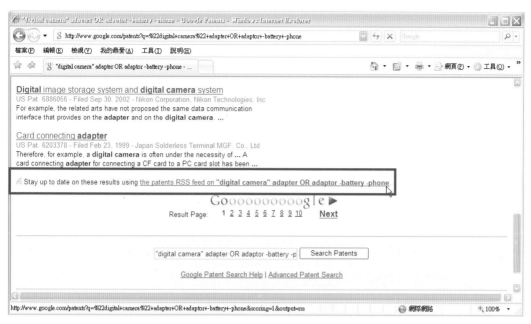

圖3-26 訂閱Google專利資料

　　我們可以訂閱許多個網站資料，當我們想要檢視所有的網站各有什麼最新文章時，只要登入Google閱讀器就可以一目瞭然。

圖3-27 開啟Google閱讀器檢視新文章

點選想要閱讀的新聞標題便可啟動連結。以圖3-27為例，點選左方的「台大圖書館電子新聞」，右方就可以看到新聞的標題；點選標題就會連結到這篇新聞的原文。

圖3-28　由閱讀器連結至全文

至於Outlook 2007 的RSS閱讀器使用者也可以輕鬆地訂閱摘要。同樣地，我們以台大圖書館電子新聞為例，在圖3-25的地方，我們以複製URL再貼到Google閱讀器的 ➕ 新增訂閱 的空格中以訂閱電子新聞，但是此處我們只須按下 ⭐訂閱此摘要，確定之後按下 訂閱(S) 就完成了。

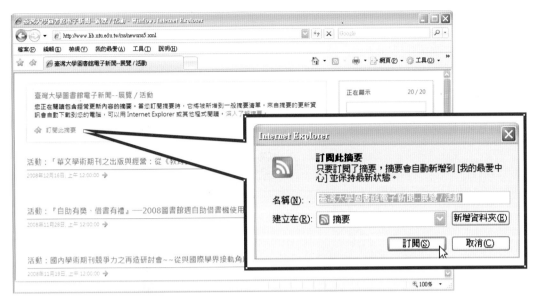

圖3-29　將電子新聞訂閱至Outlook閱讀器

圖3-30　在Outlook中檢視RSS資料 (台大圖書館)

　　不只是台大圖書館，許多的網站都支援Outlook 2007 RSS閱讀器，提供快速訂閱的服務。以英國BBC新聞網的官方網站為例，我們可以清楚看到右方有一個News Feeds | 🔗 圖示 (見圖3-30)，如果按下News Feeds 可以訂閱不同地區或型

態的新聞。

圖3-31　BBC News網站首頁

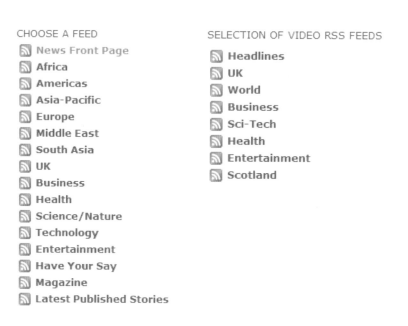

圖3-32　BBC News提供之RSS訂閱頻道

與圖3-29相同，按下 　訂閱此摘要　 之後就可以把BBC新聞網的新聞訂閱至

Office Outlook 2007 RSS閱讀器了。

圖3-33　將BBC News 訂閱至Outlook閱讀器

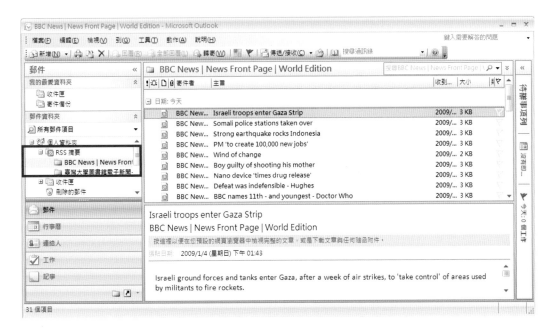

圖3-34　在Outlook中檢視RSS資料 (BBC News)

3-2-3　資料庫與RSS

有許多的資料庫提供RSS訂閱服務，例如ScienceDirect、ProQuest資料庫。以ScienceDirect資料庫為例，該資料庫提供了四種Alerts服務 (見圖3-35)，而這些Alerts全部都允許訂閱RSS或email alert通報。

表3-1　常見之快訊 (Alert) 種類及說明

快訊種類	說明
Search Alerts	檢索條件快訊 將檢索資料庫的條件轉為系統自動檢索的設定。假設我們以「membrane and filtration and bio*」為檢索的條件，將來只要有新期刊出版，系統就會以「membrane and filtration and bio*」為繼續檢索的條件，若有相符的資料時系統便會發出通知。我們也可以鎖定某位研究者，一旦該研究者發表最新論文，系統會第一時間通知我們。
Topic Alerts	專題快訊 由ScienceDirect規劃出不同的學科類別，供使用者勾選訂閱。
Volume/Issue Alerts	最新卷期快訊 選定數種期刊，每當有新卷期出版時系統會發出通知。
Citation Alerts	引用快訊 設定Citation Alerts，當有其他作者引用該文時系統將發出通知。

Citation Alerts (引用快訊) 之所以有其重要性，是因為在進行文獻回顧時，我們經常會參考論文的參考書目，也就是References列出的文獻資料。這種收集資料的方式稱為「Citation Pearl Growing」，也就是「引用文獻滾雪球法」：先掌握幾篇重要的文章，利用它的引用 / 參考文獻找到其他更多的資料，而每一篇引用文獻又有其引用文獻，透過這樣的方式就可以收集非常多的資料；然而其缺點為資料的新穎性將隨著一次次的回溯變得愈來愈低，而Citation Alerts就可以用來補救這樣的問題，因為它追蹤的是未來的資料，亦即其新穎性和時效性都比回溯的資料來的高。

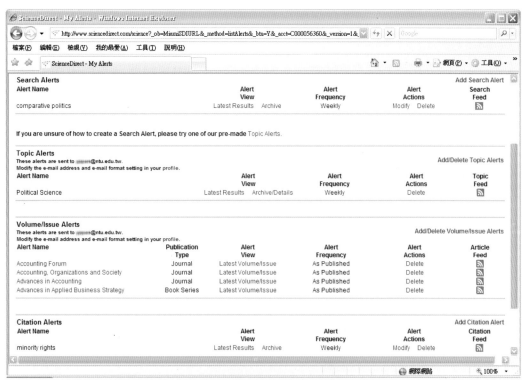

圖3-35　ScienceDirect資料庫提供四種快訊服務

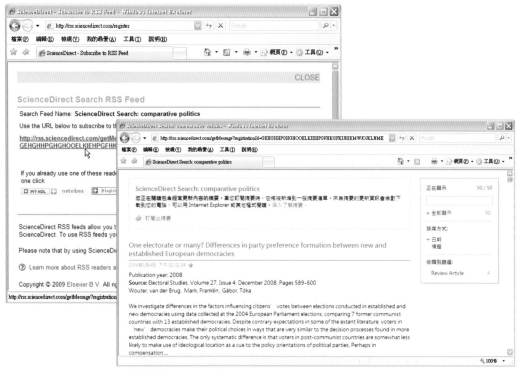

圖3-36　ScienceDirect資料庫之RSS服務

　　而ProQuest資料庫同樣允許使用者將檢索條件轉為Alert或是RSS訂閱條件
(如圖3-37)，試以「financial & crisis & federal & interests」做為關鍵字進行檢
索，一共找到50筆資料，但是我們可以要求ProQuest資料庫為我們繼續追蹤同
樣條件的資料，將來只要有符合的論文，ProQuest就會以電子郵件的方式寄到
訂閱者的電子信箱，或是傳送至RSS閱讀器。

圖3-37　ProQuest資料庫提供Alert及RSS服務

圖3-38　訂閱ProQuest 資料庫之RSS

　　善用資料庫及Google的支援功能，可以讓搜尋文獻的工作達到事半功倍的效果。減少花費於尋找資料的時間，而將重點放在判讀、研究資料內容上才是最有效率和意義的做法。

Part 2

學術資源篇

Part 2

學術資源篇

Google Book Search是Google 公司推出的一項搜尋工具，資料的來源為圖書館以及出版社。與圖書館合作的部分稱為「圖書館計畫」，其前身是2004年所推出的Google print計畫，目前共有美國的哥倫比亞大學、機構協作委員會(CIC)、康乃爾大學圖書館、哈佛大學、普林斯頓大學、史丹福大學、加州大學、紐約公共圖書館、密西根大學、奧斯汀德州大學、維吉尼亞大學、威斯康辛大學麥迪遜分校圖書館、德國的巴伐利亞州立圖書館、比利時的根特大學圖書館、日本的慶應義塾大學圖書館、西班牙的加泰隆尼亞國家圖書館、康普魯騰塞大學、英國的牛津大學、瑞士的洛桑大學圖書館等，尚在繼續增加當中。由於各圖書館皆有相當貴重的館藏，藉由本計畫將這些資料數位化之後，讓資料的保存多了一個管道，並且使知識的傳播更加無遠弗屆。

至於出版社的合作計畫稱為「夥伴計畫 (Partner Programme)」，目前已經與兩萬多家出版社或作者達成協議，當我們在Google圖書找到受版權保護的書籍時，可以閱讀部分的內容，就像在書店隨意的翻閱，如果確定需要這筆資料時，可以查詢館藏連結或者是向書店購買。許多出版社或是作者可以藉由這個管道提高作品和本身的可見度，因此加入的數量也不斷增加。

Google Book雖名為Google圖書，事實上也包含了學位論文及連續性出版品——也就是期刊、雜誌。這些資料可分為三大部分：1.有版權和在版的書籍，2.有版權但絕版的書籍，以及3.無版權書籍。前兩者因為出版社仍握有版權，因此在Google圖書搜尋僅能部分瀏覽甚至不提供預覽，而無版權書籍則提供使用者自由地閱讀、下載和列印。

目前可以提供全文閱覽的資料約有700多萬筆資料，大部分都是過了版權保護期限的書籍 (out-of-copy books)，以及公共領域資源 (public domain resources)，不限於英文書籍，目標是擴大到各種語言、各時代的資料。

Google Book Search除了可以尋找圖書、期刊資料之外，還有來自世界各地的讀者撰寫的評論，同時也可以參考熱門的章節內容以得知目前具有影響力的話題為何。要得知一本書的大意或者快速了解它的重點，正好可以利用Google Book Search所提供的評論和熱門章節等功能。對於要擴充閱讀廣度的研究者來說，這邊的相關書籍和評論也可以作為參考。

圖4-1　Google圖書搜尋包含期刊資料

4-1　Google 圖書搜尋

　　圖4-2是Google圖書的首頁，2009年由BETA版轉為正式版。左方的精選類別列出一些讀者可能會感興趣的題材，但這些類別並沒有一定的規則，例如使用圖書分類法的架構，所以要尋找資料還是必須以輸入關鍵字的方式進行。

圖4-2　Google圖書首頁

　　最基本的搜尋方式就是在檢索欄中輸入關鍵字。的Google圖書支援下列運算元 (operator)：

・「+」：強迫Google搜尋本來會被忽略掉的停字 (stop word)，如 I, the, of, and...

其用法為World War +I

・「-」：強迫Google排除 - 號後面的字。

其用法為mouse-computer

・「" "」：找出與括弧中完全一樣的詞。

其用法為"In situ measurement of cake thickness distribution"

　　我們以publicity、public relations為關鍵字進行檢索，此處得到了10,090筆資料，我們可以透過檢索限制來篩選資料。

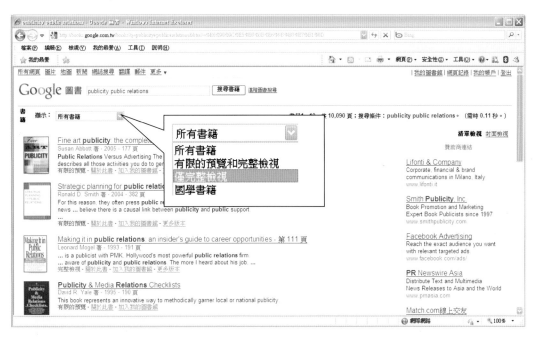

圖4-3　限定搜尋範圍

此處的四種選擇，分別表示：

- **所有書籍**：顯示所有符合條件的結果。
- **有限的預覽和完整檢視**：顯示可以提供部分預覽以及全部瀏覽的資料。
- **僅完整檢視**：只顯示可以瀏覽全文的資料。
- **國學書籍**：僅顯示中國特有書籍。

當我們將資料限縮在「僅完整檢視」的條件下，仍舊得到834本書籍。

圖4-4 搜尋可全文閱覽的資料

　　如果覺得這樣搜尋出來的結果還是太過龐雜，我們可以進一步利用「進階圖書搜尋」的功能加以限縮。

　　圖4-5紅色上框應輸入關鍵字，其中的

・包含全部的字詞就跟Google Book Search首頁的檢索設定是一樣的。

・包含完整的字句相當於運算元中的" "。

・包含任何一個字詞相當於運算元中的OR。

・不包括指定字詞相當於運算元中的 -。

　　至於下半部則是限制資料的條件，限制的愈多找到的資料愈少，但會愈精準。

圖4-5　進階搜尋畫面

　　此處我們將資料限定在「僅完整顯示」的結果中，語言限定為英文，並將
出版日期限定為2008年到2009年間的書。如此一來得到了48筆檢索結果。

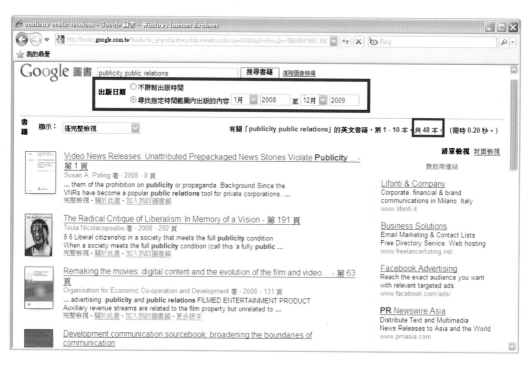

圖4-6 Google 繼續縮小查詢範圍

　　有時候中、英文介面所找到的資料筆數會有差距，所以也可以嘗試利用不同的介面搜尋。至於要將介面設定為英文可以利用這個方式進入：在Google Search (網頁查詢) 的空格中填入Google books -tw (-為減號) 表示台灣之外的網站，這樣就可以連結到英文或其他語言的介面。

圖4-7 連結至台灣以外的Google圖書搜尋

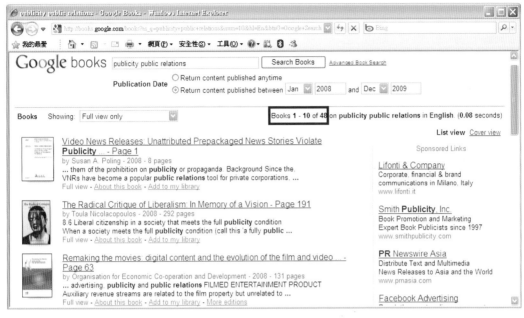

圖4-8 以英文介面查詢

中英介面有一個不同之處在於中文版提供了「國學書籍」的選項，也就是將搜尋的範圍限制於著名的中國古籍，且幾乎都提供完整檢視。以「孫子兵法」做為關鍵詞為例進行檢索，我們可以觀察到英文介面並沒有提供「國學書籍」的選項 (圖4-9)。

圖4-9 英文介面提供三種顯示選項

圖4-10　中文介面提供四種顯示選項

中文的Google Book Search尚有網址為http://books.google.cn 的簡字版,而利用相同的條件查詢簡字版的Google Book Search,得到的搜尋結果僅有944筆資料,這是因為該網址利用了GFW技術 (中國國家防火牆——Great FireWall) 屏蔽了某些敏感詞,以至於在搜尋的時候含有敏感詞的資料會被排除在外。

圖4-11　中國簡字版的Google 圖書搜索

回到剛才的檢索結果，以其中一本書為例，我們進一步看看它提供讀者哪些實用的資訊。

Performance Accountability and Combating Corruption - 第 146 頁
Anwar Shah 著 - 2007 - 418 頁
... negative **publicity**, and pressure for regulatory change. 4. ... that is, the **relations** between rich and poor, powerful and weak" (Lonsdale 1986: 128). ...
完整檢視 - 關於此書 - 加入我的圖書館 - 更多版本

點選書本連結，進入書籍的基本資料和全文閱讀畫面。

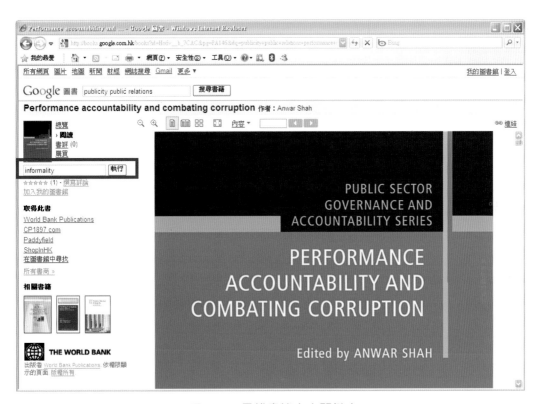

圖4-12　尋找書籍內文關鍵字

我們可以在左方空格處輸入要在本書當中搜尋的關鍵字，這樣就可以輕易地把相符的內容找出來。

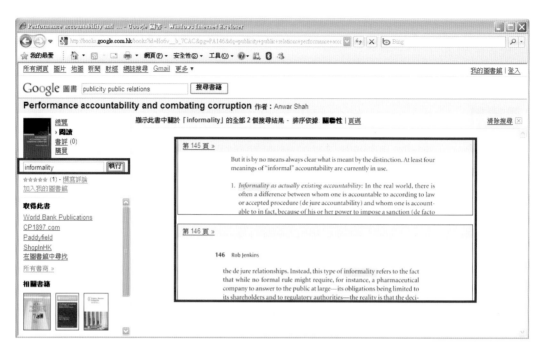

圖4-13 關鍵字所在的頁面

　　不過我們也知道並非每一本書都可以全文瀏覽，如果僅提供部分授權的資料就會有圖4-14的情況，中間會發生不能連續閱覽的情況。

圖4-14　僅供部分閱覽的書籍

　　閱讀的時候可以利用滑鼠直接拖曳，或是利用右方的拉霸，另外一個貼心的設計則是按下檢視頁面的陰影區，那麼畫面會自動向下移動。

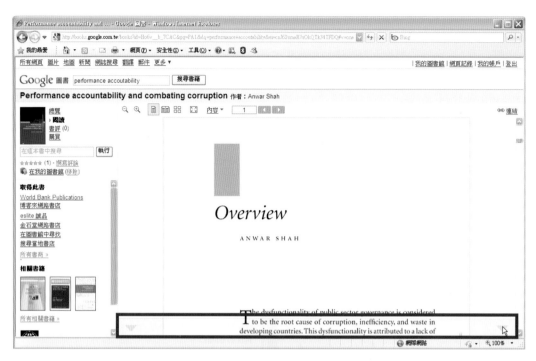

圖4-15　紅框部分為陰影區

　　回到前一本書：點選左上方的「總覽」，查看本文以外的書目資料和相關的實用資訊。

圖4-16　書籍總覽及相關資料

　　相關書籍的選列是由Google利用內容的比對，找出相關程度高的書籍以供使用者延伸閱讀之用。

Common terms and phrases

anticorruption Asian Development Bank auditors Australasia Belarus Bolivia Botswana Brazil Capgemini CBOs citizen voice Civic Engagement civil servants civil service civil society Congressional Budget Office coproduction Corruption Perception Index democracy developing countries Development Assistance Committee e-government e-procurement e-readiness European Union Fairfax County financial audits fraud Guayaramerin Guy Peters Hong Kong India Indonesia information technology internal audit International Monetary Fund Kautiliya Kenya Latin America legislature Malawi members of parliament Michelsen Institute Millennium Development Goal municipal Naga City Namibia National Assembly NGOs Nigeria nonpartisan OECD ombudsmen Operations Evaluation Department PAC's parliamentary systems participatory budgeting performance appraisal performance audit performance management performance-based budgeting Philippines political corruption Porto Alegre presidential systems principal-agent proportional representation Public Accounts Committee public administration Public Management public sector public-private partnerships rent seeking Reporters without Borders Republic of Korea Rivenbark Rob Jenkins Singapore social capital South Africa South Asia sponsorship scandal Sri Lanka stakeholders Sub-Saharan Africa Tanzania Thailand Transparency International Uganda UNDESA United Kingdom United Nations Vallegrande Value Added Tax voice mechanisms World Bank Institute Zambia

圖4-17　本書重要詞彙

　　在Common Terms and phrases (主要字詞) 出現許多本書使用到的詞彙，大致

可以看出該書的內容主題或是大意。直接點選詞彙會將畫面帶到所有出現該詞彙的頁面。

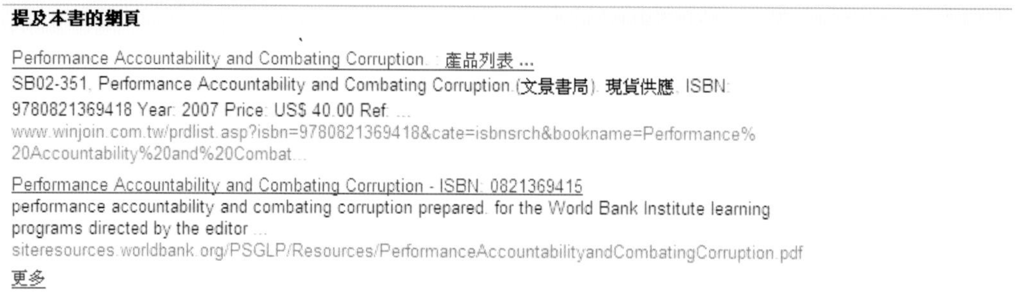

提及本書的網頁

Performance Accountability and Combating Corruption. : 產品列表 ...
SB02-351. Performance Accountability and Combating Corruption.(文景書局). 現貨供應. ISBN: 9780821369418 Year: 2007 Price: US$ 40.00 Ref: ...
www.winjoin.com.tw/prdlist.asp?isbn=9780821369418&cate=isbnsrch&bookname=Performance%20Accountability%20and%20Combat...

Performance Accountability and Combating Corruption - ISBN: 0821369415
performance accountability and combating corruption prepared. for the World Bank Institute learning programs directed by the editor ...
siteresources.worldbank.org/PSGLP/Resources/PerformanceAccountabilityandCombatingCorruption.pdf

更多

圖4-18　與本書相關的網頁

如果有任何網站提到本書，我們也可以進入該網站瀏覽，或許會意外的發現有人對同一個主題感到興趣，並且分享其心得感想。

Guayaramerin - 第 216 頁
Moreover, civil society in **Guayaramerin** was distrustful and balkanized, with many migratory newcomers who found it hard to gain acceptance from other ...

Porto Alegre - 第 157 頁
It has tended to be most effective where the Workers Party has been in charge of city government, particularly in **Porto Alegre** and Belo Horizonte. ...
更多網頁： 203 229

Singapore - 第 49 頁
Both Hong Kong and **Singapore** passed comprehensive anticorruption legislation setting up investigation agencies and vesting in them considerable legal ...
更多網頁： 50 52 57 65 245 294 296 401

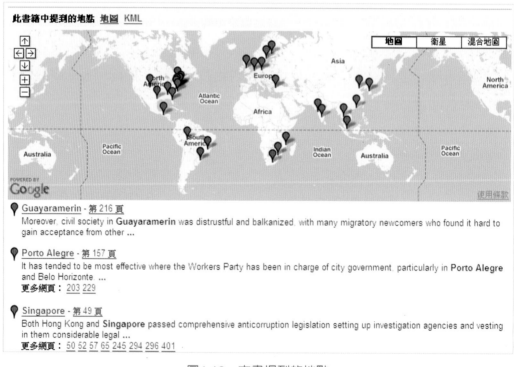

圖4-19　本書提到的地點

了解書中提到哪些地方，可以得知這本書主要探討的是哪些國家或地方所

發生的現象。

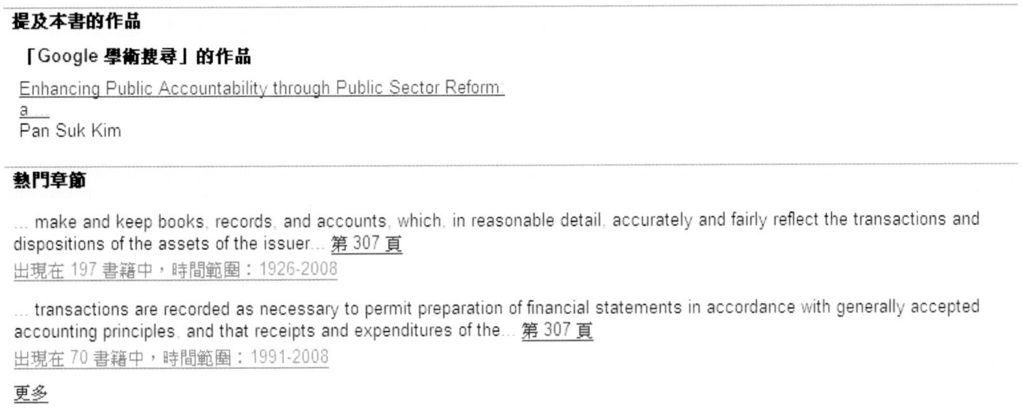

提及本書的作品

「Google 學術搜尋」的作品

Enhancing Public Accountability through Public Sector Reform:
a
Pan Suk Kim

熱門章節

... make and keep books, records, and accounts, which, in reasonable detail, accurately and fairly reflect the transactions and dispositions of the assets of the issuer... 第 307 頁

出現在 197 書籍中，時間範圍：1926-2008

... transactions are recorded as necessary to permit preparation of financial statements in accordance with generally accepted accounting principles, and that receipts and expenditures of the... 第 307 頁

出現在 70 書籍中，時間範圍：1991-2008

更多

圖4-20　提到本書的書籍或論文

　　當某部份內容出現在其他的書籍或論內當中，也就是說被其他作品引用時，我們可以藉此了解到：哪些人對這一類內容感興趣？抱持的是肯定的還是否定的態度？理由是什麼？由熱門章節下手，作為延伸閱讀的參考。

4-2　Google 圖書與文獻管理軟體

　　文獻管理軟體 (又稱書目管理軟體，Bibliographic Management Software) 是一項強有力的工具，不但可以幫助研究人員管理大量、格式各異的資料，還可以在撰寫論文的時候幫助作者節省大量的排版時間，將整個研究文書工作所佔的比例壓至最低。那麼，Google圖書搜尋所得到的書目也可以匯至文獻管理軟體嗎？以下是其步驟。

　　首先，按下「在圖書館中尋找」。

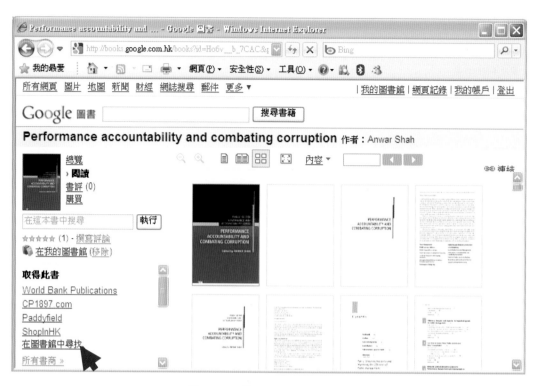

圖4-21　進入WorldCat網頁

　　Google 會自動連結至WorldCat，按下「引證／輸出」，接著會跳出一個對話框。

圖4-22　將書目資料輸出

　　對話框提供兩種選擇，一是複製引證，二是輸出引證。如果我們不想使用書目管理軟體，那麼只要按下這五種書目格式的一種 (以APA格式為例)，再複製框內文字後貼在文稿上即可。

圖4-23 自動形成或輸出書目引證

　　這個介面支援被普遍使用的書目管理軟體RefWorks以及EndNote，此處以匯出到EndNote為例，點選想要匯入的EndNote Library，按下「開啟」。

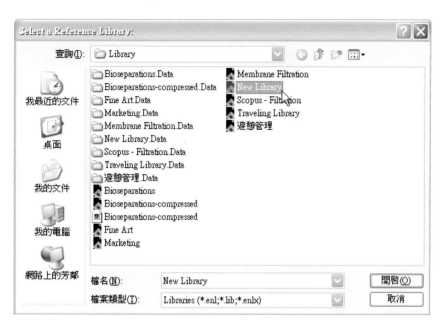

圖4-24　選擇要匯出的EndNote Library

於是這一筆資料就匯進了EndNote Library。

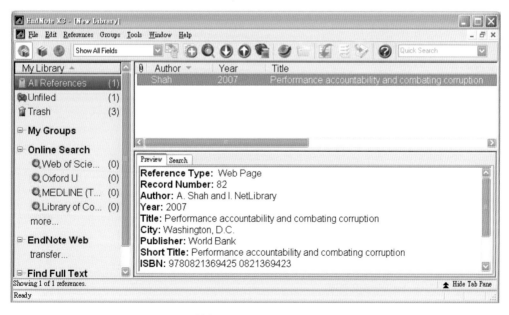

圖4-25　檢視EndNote Library內的資料

有了書目資料之後，當然還希望在EndNote Library中有實際的全文館藏。

因此我們可以將全文資料的網址加到這筆書目的URL欄位當中。

圖4-26　複製網址

圖4-27　補上URL欄的資料

當下次我們想要閱讀這本書時，隨時可點選URL進入閱覽畫面。

4-3　Google 圖書下載

除了線上閱覽，我們更希望將書籍直接下載到電腦硬碟中，如此便不再受限於一定要在網路連線的狀態下閱讀，同時，不習慣用螢幕閱讀大量資料的人也可以將它列印出來，方便翻閱及標示重點及隨時記下筆記。

對此，Google Book Search將無版權、已授權以及1923年之前出版之無版權圖書開放公眾下載。我們以「Human Right」為關鍵字，年代設定為1790到1900年出版的書籍進行搜尋，結果發現這一類的圖書幾乎都可以讓使用者隨意下載。

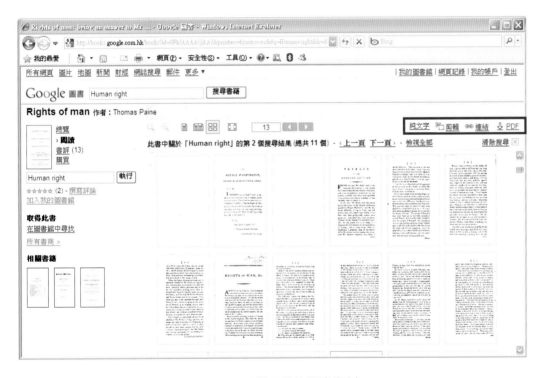

圖4-28　可供下載的圖書資料

按下⇩PDF，再按下「儲存」，就可以將資料下載至硬碟。

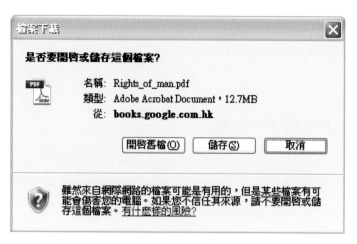

圖4-29　儲存PDF檔

　　至於 純文字 則是針對某些古籍字體不易閱讀等問題，而利用光學辨識系統將圖檔中的文字轉換為純文字檔，由於是由機器進行辨識，因此有些難以辨認的印刷或是有汙物在上面的部分就會辨識困難造成錯誤的情況，這一點需要特別注意，如果發現有上下文不合理或是拼字有誤，可以按下 網頁圖片 隨時回到掃描檔閱覽模式確認原文。

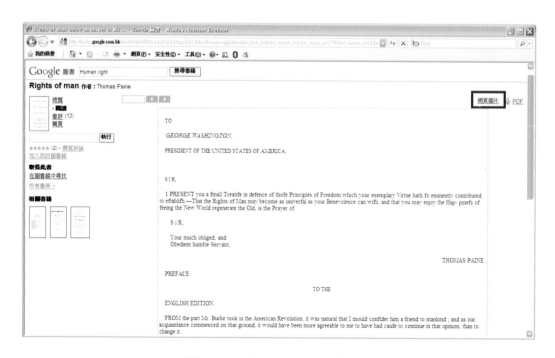

圖4-30　以純文字方式檢視本文

　　✂ **剪輯** 功能類似剪貼簿，我們可以利用滑鼠選取某部分內容，之後可以將這一段文字複製在稿件中而無須自行繕打、或是將選取的範圍變成圖檔，甚至可以將這段內容嵌入網頁中。

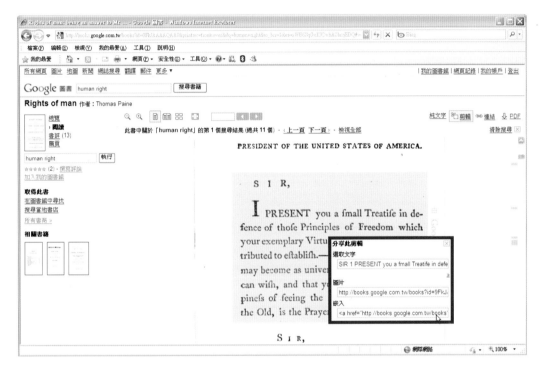

圖4-31　分享剪輯資料的方式

　　如果要將選取的資料嵌在網頁或是部落格中，只要複製html語法轉貼到適當位置就完成了。

圖4-32　複製語法並貼在部落格中

圖4-33　將選取部分張貼於部落格

　　至於 ⊕連結 功能，則是將整本書都嵌入網頁當中 (無名小站和Yahoo奇摩目前不支援)。

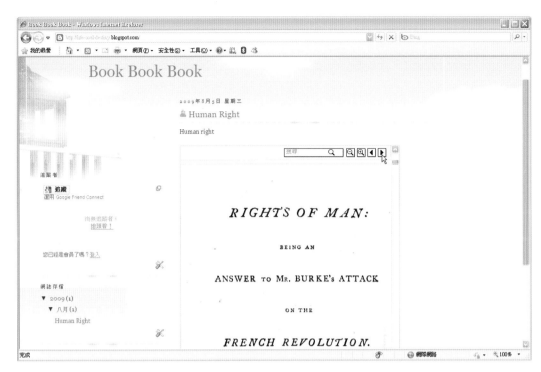

圖4-34 將整本書嵌入個人網誌

4-4 我的Google圖書館

如果覺得某本書非常具有參考價值，就可將這本書「加入我的圖書館」。進行這項動作時別忘了先登入Google帳號。

圖4-35 將資料加入我的圖書館

如果要檢視圖書館中的資料，可以隨時按下右上方的「我的圖書館」。

圖4-36 檢視「我的圖書館」的館藏

我們還可以為這本書做一些記錄，例如對研究上的實用價值有多少，並給予一顆星到五顆星的評價。而「新增附註」和「新增標籤」、「撰寫評論」這幾個功能也可以讓我們為書籍分門別類並記錄重點或眉批。

Performance Accountability and Combating Corruption
Anwar Shah 著 - 2007 - 418 頁 - 完整檢視

Performance-based accountability; Audits and accounts; Results-based accountability; Citizen voice and accountability; Government oversight; Public management; Anti-corruption;Parliament

☑ 新增附註   ◇ 新增標籤   ☐ 撰寫評論   🗑 移除書籍

圖4-37 以星號給予本書評價

圖4-38　為本書撰寫簡易註記

　　具有同一標籤的書籍將會在左方顯示出數量，如圖4-39所示，利用這個方式整理「我的圖書館」內的圖書，好比將圖書以自己的觀點分類並放置於適當的書架上，對於尋找資料相當的便利。

圖4-39　左方標籤資料可視為資料夾

　　要加入一本書到「我的圖書館」中，除了可以選擇在Google圖書搜尋當中找到的資料之外，也可以不經過搜尋，直接利用「匯入書籍」的選項加入新資

料，此時Google會詢問書籍的ISBN (International Standard Book Number)，也就是國際標準書號。

圖4-40　將書籍匯入「我的圖書館」

ISBN就好比一本書的國際身分證，每個標準書號都是獨一無二的。假設我們想要推薦圖書館購買或請書局代購某本俄文書，為了避免因為語言的問題造成訂購錯誤，只要我們告訴訂購人員該書的ISBN，那麼就算對方不懂俄文，一樣可以訂購到正確的圖書。

輸入書籍的ISBN：9781435716421，按下匯入。事實上我們可以一次輸入多筆ISBN資料，無須一筆一筆鍵入。此處僅以一筆為例。

圖4-41 利用ISBN匯入書籍資料

檢視「我的圖書館」就可以發現這筆資料已經正確匯入了。

圖4-42 檢視匯入的書籍

Part 2

學術資源篇

說到學術搜尋，大家首先想到的就是圖書館了。圖書館的資料都是經過教授推薦或是由專業館員評鑑後購置的資源，因此可信度和權威性都比較強。至於在Google Search上查詢到的資料雖然相當的豐富，而其缺點為良莠不齊，且沒有辦法有系統的 (例如依照卷期排列) 顯示出來。為了解決這個問題於是發展出所謂的Google Scholar，這項服務對於提供學術文獻有不可忽略的優勢，原因在於以下幾點：

首先Google Scholar是免費的，所有可以連上網路的電腦幾乎都可以自由地使用Google資源，使用者無需付費，也不限所在的網域。其次，Google Scholar的檢索界面是單一介面，如果我們要在圖書館的資料庫尋找不同類型的資料，例如博碩士論文、引用文獻、會議論文、書籍、預行刊物 (pre-print)、摘要、研究報告等都必須分別在不同的資料庫中進行檢索，例如博碩士論文需查詢美國ProQuest公司的ProQuest Dissertations & Theses-PQDT資料庫，台灣地區的學位論文需查詢全國博碩士論文資訊網；而利用Google Scholar檢索時，只需在一個介面下進行就可以了。

再者，與一般的Google網頁搜尋不同，在Scholar Search所搜尋到的資料會顯示被引用的次數、該資料的館藏地、直接下載PDF檔的功能等等。以查詢引用次數這項功能為例，一般研究者熟知的Web of Science資料庫必須要所屬的圖書館付費訂購之後才能夠透過SCI (Science Citation Index) 查詢10,000種期刊和120,000個會議論文的引用數據；另外一個重要的SCOPUS資料庫則可以查詢到超過16,000種期刊及其引用資料，但都限於訂購資料庫的圖書館。但是透過Google Scholar的免費服務，隨時都可以查到引用數據。

至於Google Scholar收錄學科廣泛，各領域資料所占的比例分別為：

‧Medicine 22%; engineering 14%; biology 13%

‧Sociology & psychology 13%; chemistry-physics 12%

‧Humanities, business, law

(Dean Giustini,2006.http://weblogs.elearning.ubc.ca/googlescholar/cacul.ppt)

以下各節將針對Google Scholar的各項功能進行說明。

5-1 學術搜尋偏好

　　圖5-1是Google Scholar的首頁，目前仍屬於測試版 (Beta版) 的狀態。如同一般的基本搜尋功能，使用者只需要在空格內填入關鍵字就可以自由的查詢所需要的資料，但是如果在檢索之前先針對自己的喜好和條件設定使用偏好的話，會有更多擴充的功能可以運用。首先，點選右方的「學術搜尋偏好」。

圖5-1　學術搜尋偏好設定

　　在圖書館連結的這個選項，我們可以將所屬的圖書館連結到Google Scholar，這樣一來如果發現全文資料，Google的搜尋結果中就會顯示連結。以圖5-2為例，要將台大圖書館加入Google Scholar的連結當中，只要輸入「National Taiwan University」，下方就會自動找出跟台灣大學有關的圖書館資料庫連結，接著在前方的空格打勾即可。

圖5-2 將圖書館連結至Google Scholar

接著，在文獻管理軟體的部分我們可以選擇要「隱藏」或是要「顯示」導入鏈接。以研究人員來說，已經有相當比例的人在提出研究報告、準備投稿期刊論文或撰寫學位論文時選擇省時省力的文獻管理軟體 (例如EndNote、RefWorks) 來進行收集、管理以及撰寫論文的工作，而Google Scholar可支援書目資料的匯出。

假設我們所使用的文獻管理軟體是EndNote，那麼在鏈接的選單中就選擇EndNote。

圖5-3　按下「設定使用偏好」以儲存設定

　　如果有其他特殊的需求，例如介面語言的設定等等也可以一併在此設定。完成之後按下 ┃　　設定使用偏好　　┃ ，將剛才的設定儲存起來，如此，所有的檢索工作將在我們所設定的偏好之下進行。

5-2　Google學術搜尋

　　回到Google Scholar的首頁開始進行檢索。在這邊我們可以看到簡易查詢的介面。最便捷的方式就是直接將關鍵字輸入其中，按下「搜尋」就可以了。

圖5-4　Google學術搜尋首頁

　　Google Scholar會自動將我們輸入的檢索詞以and連結，也就是當我們輸入A B C，Google Scholar會把它們視作A and B and C。此處也同樣支援Google搜尋的進階運算元 (operator) (見第二章)：

・「+」：強迫Google搜尋本來會被忽略掉的停字 (stop word)，如 I, the, of, and ...

　　其用法為World War +I

・「-」：強迫Google排除減號後面的字。

　　其用法為mouse -computer

・「"　"」：找出與括弧中完全一樣的詞。

　　其用法為"In situ measurement of cake thickness distribution"

・「OR」：必須使用大寫。表示「或」。

　　其用法為computer OR laptop

・「intitle:」：文件標題一定要含有該檢索詞。

　　其用法為 intitle: google search

檢索結果出現，共有47項檢索結果。

圖5-5 利用Google運算元進行檢索

　　首先，讓我們先了解文章出現的順序是如何排列的。Google依照每一篇文章的內文、作者、文章出處和被引用的次數來排列檢索的結果，而被引用次數所占的比重最高。檢索的結果通常如下所示：

圖5-6 顯示書目資料

　　我們也可以針對某位作者的論文進行收集。以作者姓名為Kuo Lun Tung為

例，在作者欄的位置輸入"Tung Kuo Lun"。利用雙引號的原因是為了限縮查詢的範圍。

圖5-7　查詢某作者的學術著作

得到了47筆、共5頁資料。檢視資料的排序方式可知被引用次數愈高就會被排列在愈前方。

圖5-8　被引用次數影響排序順位

　　同時，我們也可以看到輸入檢索詞的欄位自動變成：作者:"TUNG KUO LUN" 搜尋 ，這表示我們可以不在進階檢索畫面的特定欄位輸入檢索詞，而直接在快速檢索的空格中填入搜尋語法，也就是「作者：」就可以了。當然這裡也可以用英文指令，例如：author:"TUNG KUO LUN"。

圖5-9　使用英文指令→author：

　　如果在圖5-7的空格中不使用雙引號進行範圍限縮，很可能查到許多並非我們所需的資料，以圖5-10、5-11為例：

圖5-10　改變檢索條件

　　可以看到Google將TUNG Kuo Lun拆成三個詞組，只要作者 (群) 當中有這

第五章　Google學術搜尋

三個詞組時就會出現在檢索結果當中。圖5-11顯示找到的資料共有7頁，確實比使用雙引號之後多了2頁的查詢結果。

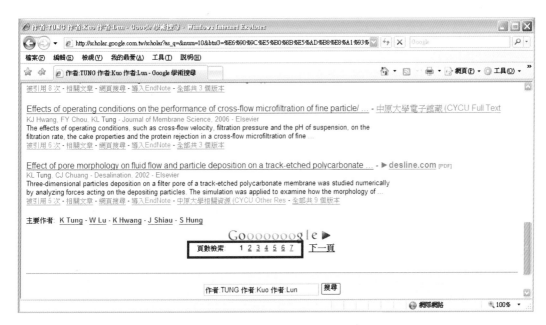

圖5-11 檢索結果出現7頁資料

點選其中一筆資料，發現其中有來自Google Book Search的文獻，而TUNG、KUO、LUN這三個字正好分散出現於本書的作者群中，因此在輸入關鍵字的時候如果可以稍微用心，就可以減少後續資料過濾的問題。

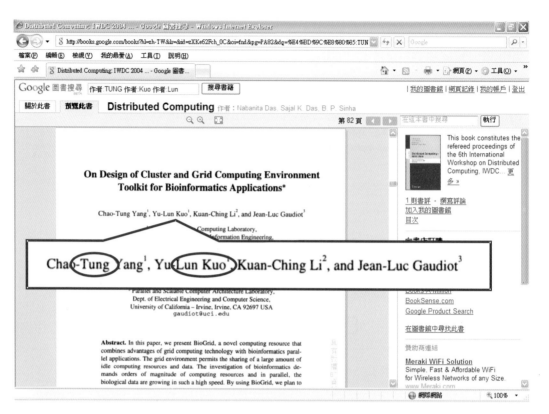

圖5-12　作者名稱應加以限縮以節省時間

5-3　引用文獻滾雪球法

對於必須大量閱讀相關資料的研究者來說，有一種資料搜尋的途徑稱為 Citation Pearl Growing (引用文獻滾雪球法)。其方法為掌握一篇跟自己研究最相關的論文，藉著它提供的參考文獻取得更多的相關論文，而每一篇論文又有數筆引用文獻，這樣慢慢累積就出現了相當多的相關資料。以本篇論文為例，在文末可以看到References列表，這些書目表示跟目前這篇論文相關，藉此可以收集到更多資料。然而其缺點為資料的出版年代將會越來越久，也就是無法取得最新的發展。

圖5-13 收集和回溯文獻資料

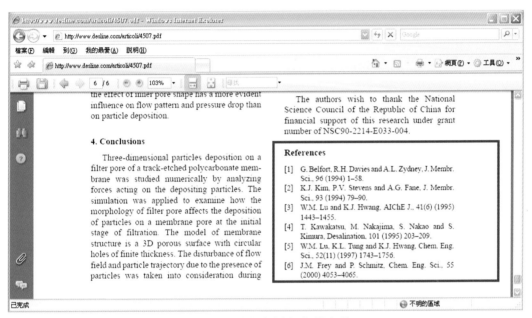

圖5-14 論文資料之參考文獻

　　解決資訊不夠新穎的問題，我們可以藉著「被引用」文獻的追蹤掌握新發表的資料。以圖5-15為例，被引用8次 表示這篇文章發表之後，有其它的研究發現這篇論文具有相當的參考價值，於是加以引用；換句話說，就是這篇論文成為其他論文的參考文獻 (見圖5-16)，亦表示了這篇文章對其後的研究發生了影響力。

　　引用次數之所以有其重要性，在於藉由引用和被引用的關係，可以了解這項研究的脈絡和發展，基於哪些研究的基礎所以推進這篇研究的成果？繼這項成果的發表之後，又影響了哪些後起的研究？這項功能相當於Web of Science的Science Citation Index (SCI) 以及Elsevier的Scopus資料庫所提供的引用及被引用的資料。

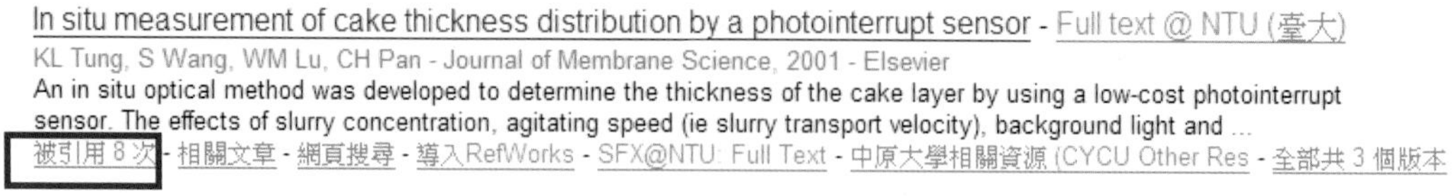

In situ measurement of cake thickness distribution by a photointerrupt sensor - Full text @ NTU (臺大)
KL Tung, S Wang, WM Lu, CH Pan - Journal of Membrane Science, 2001 - Elsevier
An in situ optical method was developed to determine the thickness of the cake layer by using a low-cost photointerrupt sensor. The effects of slurry concentration, agitating speed (ie slurry transport velocity), background light and ...
被引用 8 次 - 相關文章 - 網頁搜尋 - 導入RefWorks - SFX@NTU: Full Text - 中原大學相關資源 (CYCU Other Res - 全部共 3 個版本

圖5-15　論文資料及相關統計與版本

Chuang: Electro-microfiltration of Colloidal Suspensions - Google 學術搜尋 - Windows Internet Explorer
http://scholar.google.com.tw/scholar?hl=zh-TW&lr=&cites=17400316990885789810
Google
檔案(F) 編輯(E) 檢視(V) 我的最愛(A) 工具(T) 說明(H)
Chuang: Electro-microfiltration of Colloidal Suspensio...
網頁(P) 工具(O)
學術搜尋
引用 Chuang: Electro-microfiltration of Colloidal Suspensions 的 8 個結果，以下是第 1 - 8 項。需時 0.06 秒。
Removal of arsenic and humic substances (HSs) by electro-ultrafiltration (EUF) - 中原大學電子館藏 (CYCU Full Text
YH Weng, LH Chaung-Hsieh, HH Lee, KC Li, CP Huang - Journal of Hazardous Materials, 2005 - Elsevier
A laboratory scale electro-ultrafiltration (EUF) system was developed and used to explore the removal of arsenic and humic substances (HSs) from water. As a negatively charged species, arsenate(V) was readily removed after applying ...
被引用 11 次 - 相關文章 - 網頁搜尋 - 導入RefWorks - Full text @ NTU (臺大) - SFX@NTU: Full Text - 全部共 6 個版本
電場促進膜過濾技術研究進展
金興乾，宋鵬雲 - 雲南化工, 2007 - scholar.ilib.cn
分離過程中常用的膜過濾多以錯流方式進行.但是濾面的附著物和濃度極化會使過濾速度大大降低.研究表明電場能夠促進過濾的進行.簡要介紹了電場促進過濾的概念及原理.綜述了國內外對含膠體或蛋白質等難溶物質的介質進行電場促進膜過濾方面所進行的理論和實驗研究 ...
相關文章 - 網頁搜尋 - 導入RefWorks - 中原大學相關資源 (CYCU Other Res - NTU Print Holdings - 全部共 2 個版本
Use of Pulsed Electric Fields to Enhance Crossflow Microfiltration - ▶cycu.edu.tw [PDF]
GT Chen - thesis.lib.cycu.edu.tw
Page 1. 私立中原大學 化學工程學系 碩士學位論文 脈衝電場掃流微過濾特性之探討 Use of Pulsed Electric Fields to Enhance Crossflow Microfiltration 指導教授：莊清榮 研究生：陳冠廷 ...
相關文章 - 網頁搜尋 - 導入RefWorks
Crossflow Electro-Microfiltration of Yeast/BSA Mixture - ▶cycu.edu.tw [PDF]
CY Wu - thesis.lib.cycu.edu.tw
Page 1. 私立中原大學 化學工程學系 碩士學位論文 以電場掃流微過濾分離酵母菌/牛血清 蛋白混合懸浮液 Crossflow Electro-Microfiltration of Yeast/BSA Mixture 指導教授：莊清榮 研究生：吳振溢 ...
相關文章 - 網頁搜尋 - 導入RefWorks
Combination of crossflow and electric field for microfiltration of protein/microbial cell ... - 中原大學電子館藏 (CYCU Full Text
CJ Chuang, CY Wu, CC Wu - Desalination, 2008 - Elsevier
This work carries out experiments with BSA (Bovine serum albumin)/yeast mixtures by a flat-channel filter imposed with
網際網路
100%

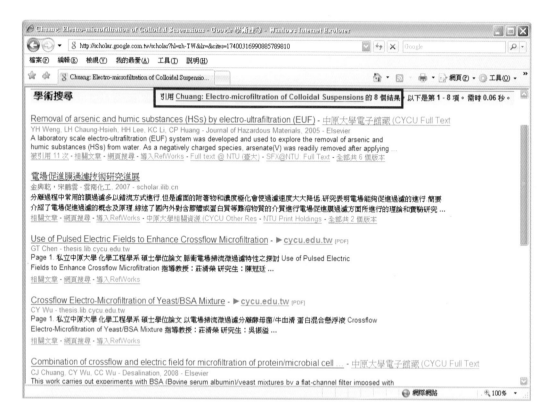

圖5-16　透過被引用資料查詢後續發展

至於 全部共 3 個版本 表示Google搜尋到的資料中一共來自3個出處，而它們也可能是預行刊物、會議文件及期刊論文形式的資料。

Google學術搜尋雖然可以查詢到大量的期刊論文資料，但是其缺點在於無法系統化地瀏覽，也就是說無法依照期刊卷期年代來排列、查詢、瀏覽，一切都依賴我們輸入的關鍵字為條件。

圖5-17 不同來源或版本的同一資料

5-4 文獻管理軟體

　　在第一節的學術搜尋偏好當中，我們已經說明如何設定個人搜尋的偏好設定。如果我們希望將查到的資料直接匯入文獻管理軟體中，只要預先加入文獻管理軟體鏈接就可以輕鬆地把資料匯入EndNote、RefWorks等軟體。此處我們以EndNote文獻管理軟體為例。

圖5-18　選定文獻管理軟體

設定完成之後進行檢索，得到的畫面將如圖5-19所示，出現 導入EndNote 的功能。

圖5-19　設定完成的畫面將出現連結

接著畫面會跳出一個對話窗，按下「開啟舊檔」。

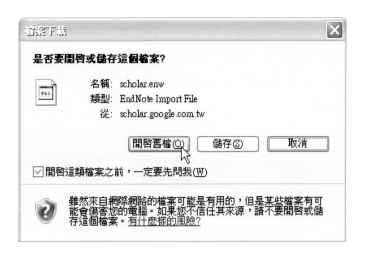

圖5-20　Google支援文獻管理軟體

選擇想要匯入的Library，按下開啟就完成了。

圖5-21　選擇欲匯入的EndNote Library

　　於是這筆文獻資料就會自動進入EndNote Library當中做為該圖書館的館藏。

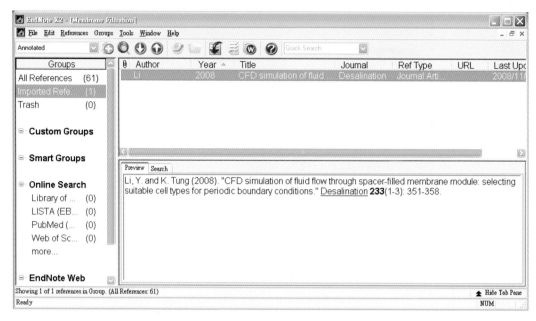

圖5-22　將資料匯入EndNote Library

　　此時，我們所得到的只是文獻的書目資料而已，但是真正的館藏內容－也就是全文資料－呢？現在按下右方的「中原大學電子館藏CYCU Full Text」，接著瀏覽器就會連結到該圖書館，並可輕易閱讀並下載全文資料 (視使用者的權限而定)。

圖5-23　連結圖書館全文資料

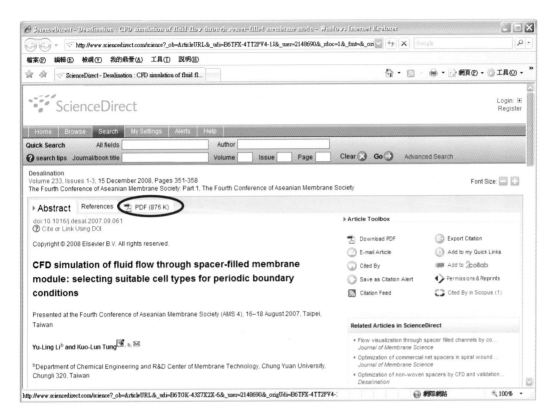

圖5-24　下載全文檔案

　　利用文獻管理軟體收集資料的時候，應該盡可能同時將全文資料儲存在
Library中。當下次需要瀏覽全文的時候，就不必重新登入資料庫，直接在
EndNote等軟體中開啟就可以了。

第五章 Google學術搜尋

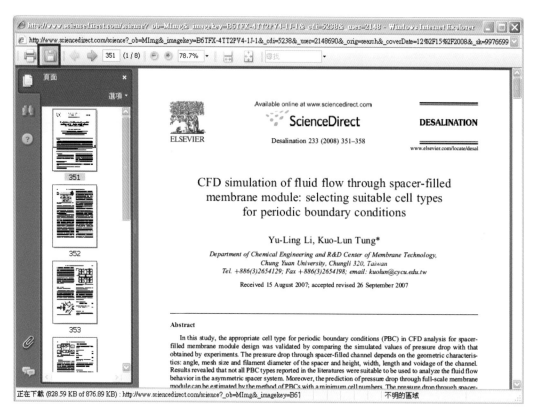

圖5-25　儲存PDF檔全文資料

按下儲存，並將PDF檔複製後貼在該書目的正確欄位中。

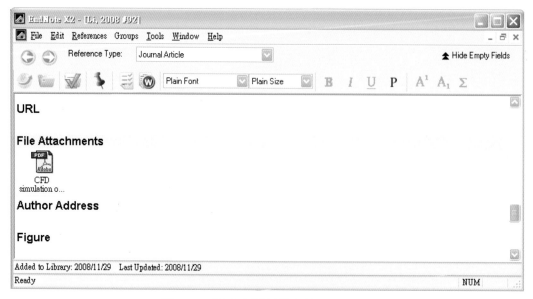

圖5-26　將全文資料儲存於EndNote

　　至於EndNote X2以上版本的使用者則可利用「Find Full Text」的功能尋找全文並自動下載。

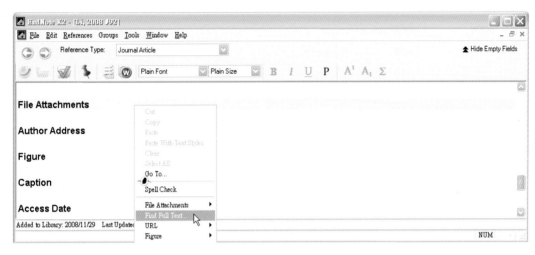

圖5-27　EndNote X2的Find Full Text功能

　　當書目資料左方出現迴紋針圖案時，表示這筆資料有附加檔案，通常就是我們所儲存的全文資料。(附加檔案的格式可以為.jpg .exl. ppt 等。)

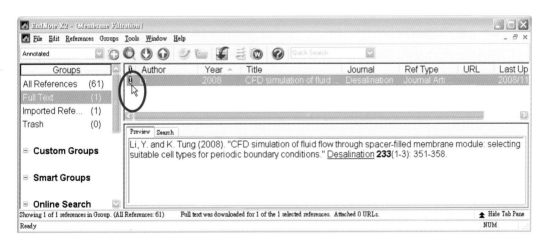

圖5-28　物件的圖示

　　同理，如果我們使用的是RefWorks來管理我們的書目資料，那麼在學術搜尋偏好的設定畫面中，顯示導入鏈接的選項應設定為RefWorks，而檢索出來的結果下方則會出現 導入RefWorks 的字樣。

圖5-29 設定文獻管理軟體為RefWorks

與EndNote的連結功能相同，導入RefWorks 表示從Google學術搜尋當中檢索到的結果可以直接匯入RefWorks當中。

圖5-30 將資料匯入RefWorks

同樣的，只要能夠找到全文資料，就盡可能在匯入的同時將全文資料一併存入RefWorks。可利用 瀏覽... 找出剛才下載的PDF檔的路徑，然後按下 加入附件 及 儲存書目 就完成了。

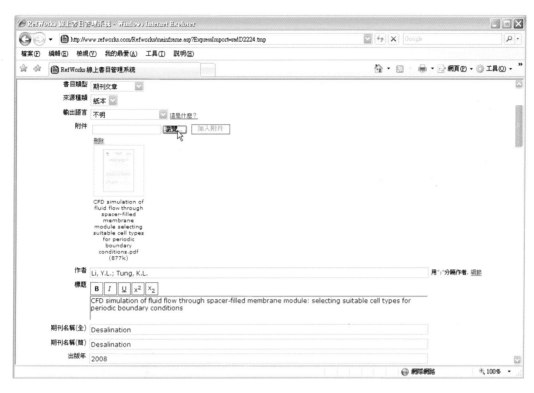

圖5-31　在RefWorks中加入PDF資料

圖5-32　資料匯入完成

　　由於RefWorks是web-based的軟體，因此全文資料也會上傳到網路上，將來即使不是使用自己的電腦而是使用他人或是公用電腦，一樣可以上網瀏覽全文

資料，相當的便利。

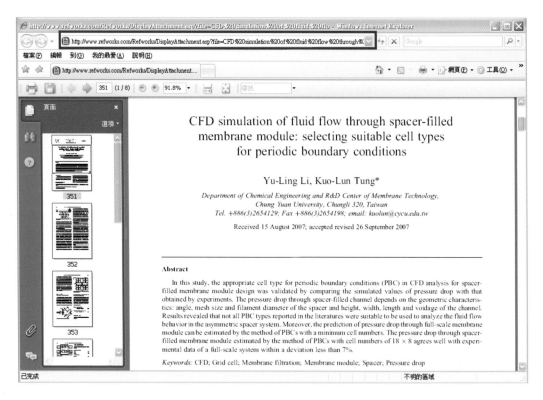

圖5-33　在RefWorks網頁中檢視全文資料

5-5　CrossRef Search

在尋找學術資料的選擇上，除了Google學術搜尋之外，我們還可以透過CrossRef Search的搜尋畫面找到數十家學術出版社所提供的免費全文期刊。CrossRef是非營利協會的名稱，其任務是將所有學術論文進行連結，讓每一筆文獻都能夠追蹤到原文資料，對研究者而言是相當便利的工具。目前為初始階段，主要鎖定STM期刊，也就是科學 (Scientific)、技術 (Technical) 和醫學 (Medical) 這三個領域的期刊。

CrossRef所使用的是數位物件識別碼 (Digital Object Identifier，DOI) 的技術，也就是每一篇數位化的論文都有一組識別碼，類似書籍的ISBN或是期刊

的ISSN，相當於該筆數位資料的身分證號碼，為全世界獨一無二的號碼。DOI
分為兩段，斜線前方 (prefix) 的數字由管理機構指定，後綴 (suffix) 的數字則由
出版社自行編排。DOI識別碼可以代表一本電子書或是該書的某一章、節，也
可以是某電子期刊或是該期刊的一篇論文。由於在網路上尋找資料經常發生網
址連結失效的問題，若利用每個電子物件的DOI自動連結至擁有所有權的出版
社，那麼網址失效的可能性將大幅的降低，內容也不易被他人修改或增刪，可
信度自然大為提高。藉此，研究者可以快速的找到所需的資料，而作者也可以
保護其著作權。

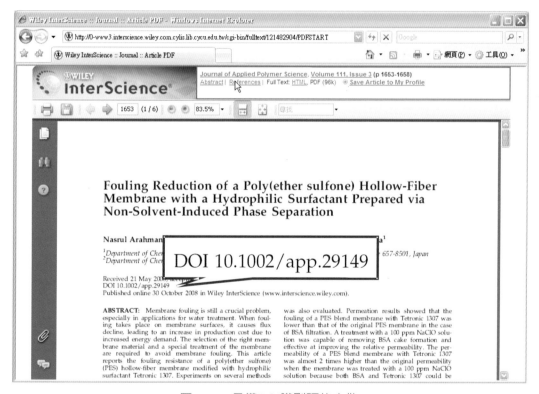

圖5-34　具備DOI識別碼的文件

CrossRef Search Pilot這項先導計畫由2004年1月起展開，起初共有9家出版
社加入這項合作案，截至目前為止，參加這項計畫的出版社已經增加至29家 (持
續增加中)，分別為：

➣ American Physical Society	➣ IEEE	➣ Oldenbourg Wissenschaftsverlag
➣ Annual Reviews	➣ INFORMS	➣ Oxford University Press
➣ Ashley Publications	➣ Institute of Physics Publishing	➣ PNAS
➣ Association for Computing achinery	➣ International Union of Crystallography	➣ Royal College of Psychiatrists
➣ BioMed Central	➣ Investigative Ophthamology and Visual Science	➣ Springer-Verlag
➣ Blackwell Publishing	➣ Journal of Clinical Oncology	➣ Taylor & Francis
➣ BMJ Publishing Group	➣ Lawrence Erlbaum Associates	➣ University of California Press
➣ Cambridge University Press	➣ Medicine Publishing Group	➣ University of Chicago Press
➣ Cold Spring Harbor Laboratory Press	➣ Nature Publishing Group	➣ Vathek Publishing
➣ FASEB		➣ John Wiley & Sons

等。

　　CrossRef Search Pilot與Google的合作所採用的是Google的搜尋技術，藉由有效的過濾機制將搜尋的結果限定於學術文章。當畫面出現圖5-35的圖示時，代表該出版社已經加入Google與CrossRef的先導計畫。

圖5-35　CrossRef Search Pilot圖示

　　檢索欄位也支援以下的功能：

　　1.布林邏輯：可以使用AND, OR, NOT等指令。也可以利用逗號「，」表示OR。例如：scattering plot, scattering matrix。

　　2.NEAR指令：可以使用NEAR/數字表示兩個關鍵詞之間不可以超過多少

字。例如：rose NEAR/5 wine

3.可以使用星號 (asterisk)「*」表示任何英文字母或是英文字串 (wildcard character)，利用星號可以幫助我們找出不同時態的動詞或是單、複數名詞。例如輸入truncat*可以找到truncate、truncated、truncating、truncation等字，輸入bird*可以找到bird及birds。

4.利用雙引號"　"表示強制尋找完全相符的字串，即使引號內包含了會被檢索系統忽視的停字 (stop words，如in、the、of、for、by等)，系統也會進行查詢。例如："state of the art"。

5.利用小括號 (　) 表示一個詞組，而詞組和詞組之間也可以利用布林邏輯進行設定，例如：(lung AND cancer) OR (lung AND tumor)。

以Wiley InterScience資料庫的CrossRef Search為例，輸入關鍵字membrane filtration hollow fiber：

圖5-36　Wiley InterScience資料庫提供CrossRef Search Pilot檢索入口

按下GO之後，就會轉到Google檢索的畫面。

圖5-37　利用CrossRef Search的搜尋結果

我們以同樣的檢索詞在Google學術搜尋中進行檢索。

圖5-38 在Google Scholar中搜尋

圖5-39 Google學術搜學的檢索結果

　　在Google學術搜尋當中找到的資料數目為23,300筆，而同樣的檢索詞在CrossRef當中卻只找到5,950筆資料，可見兩者尋找資料的範圍並不相同。

　　利用CrossRef搜尋學術資料，其資料來源為合作出版社的資料庫，因此範圍受限，但是可以確定的是所得到的結果都是經過同儕評鑑且品質較受肯定的論文資料。如果使用Google網頁搜尋的話將可以找到多達284,000筆資料，但它的資料來源非常的廣泛，不只是學術文章，還有許多商業性的網頁以及部落格等學術性較不高或缺乏審查機制或是被他人增刪之後的轉載內容。

圖5-40　利用Google網頁搜尋中進行檢索

Part 2

學術資源篇

　　根據世界知識產權組織 (The World Intellectual Property Organization, WIPO) 的報告指出，產業研發單位若能善用專利資訊，可大幅降低重複研究的問題，同時亦能節省60%的時間和40%的費用，由於專利資料約涵蓋了全球90～95%的技術，遠比一般學術刊物所刊載的還多上數倍，因此專利的檢索及判讀對於研發人員是不可或缺的能力 (Jin, Teng et al., 2007)[1]。對一個國家甚至全世界的發展來說，藉由保護發明人的專利權以鼓勵技術公開，讓其他人員可以在這個基礎上繼續進行研發、改良，不至重複耗費時間和資源，其最終的精神就是為了人類文明的進步。

　　至於在學術機構中進行研究的師生而言，要展現研究成果，除了參與國際會議、撰寫學術論文、著書等方式之外，另一個有形的成果發表方式就是申請專利。專利具有新穎性、排他性，除了能夠表現出自己的創意、研發能力，還可能獲得商業上的益處。總的來說，經常檢視專利資訊可以幫助我們避免重複他人已經做過的研究、預測科技的發展、避免智慧財產權被侵害、了解競爭者目前的動態，也可以利用專利數量和品質評估各機構的表現。

　　蒐集文獻資料時，專利資料的時效性也許不及學術刊物來的新穎 (David, 2005)[2]，但是專利內容通常相當的詳盡，而藉由引證資料 (Citations)、被引證關係 (Referenced by) 專利家族 (Patent Family) 的判讀還可了解某項技術所衍生之相關技術。

---

[1] Jin, B., H.-F. Teng, et al. (2007). Chinese Patent Mining Based on Sememe Statistics and Key-Phrase Extraction. Advanced Data Mining and Applications: 516-523.

[2] David. (2005/08/03).「早期公開專利情報之重要性.」，from http://cdnet.stpi.org.tw/techroom/analysis/pat082.htm.

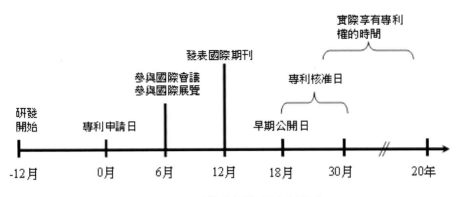

圖6-1 研發生命週期與專利壽命

專利可以分為發明專利、新型專利以及新式樣專利。專利權採屬地主義，也就是任何一項技術要受到某國法律的保護，就必須在該國申請專利權。在我國，發明專利的申請流程可以下圖 (經濟部智慧財產局，2008)[3] 表示：

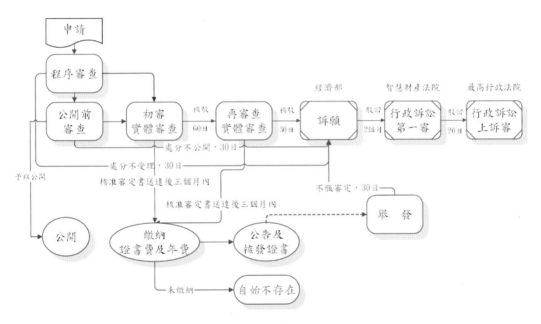

圖6-2 發明專利案審查及行政救濟流程圖

3 經濟部智慧財產局. (2008/07/22).「發明專利案審查及行政救濟流程圖.」from http://www. tipo.gov.tw/ch/Download_DownloadPage.aspx?path=1631&Language=1&UID=7&ClsID=19& ClsTwoID=0&ClsThreeID=0.

以下我們將藉由美國的專利說明書認識專利，並依序介紹它的各部組成及其意義。

6-1 認識專利說明書

美國專利說明書可以分為專利首頁和專利本文兩大部分，其外觀如下：

- Salazar et al.：專利發明人。只註明第一發明人的姓（Family name），如有多位發明人則其後加上et al.
- Patent No.：專利號
- Date of Patent：專利核准日

· Inventors：發明人
· Assignee：專利權人
· Notice：注意事項
· Appl. No.：專利申請號
· Filed：專利申請日
· Int. Cl.：國際專利分類號
· U.S. Cl.：美國專利分類號
· Field of Classification Search：專
利審查官審查本申請案時，曾注
意過的相關類號

· References Cited：表示這個專利
引用其他文獻的情況。此處分
為：
◇ U.S. Patent Documents：美國專
利資料
◇ Foreign Patent Documents：非美
國之專利資料
◇ Other Publications：其他文獻
資料，例如學術期刊、會議論
文。
· Primary Examiner：專利審查官
· Assistant Examiner：助理審查官
· Attorney, Agent or Firm：專利商標
事務局

第六章 Google專利搜尋

附有星號的資料表示經過專利審查官 (examiner) 引證的資料。

6,330,151	B1	*	12/2001	Bates, III	361/686
6,341,728	B1		1/2002	Kondo et al.	
6,353,870	B1		3/2002	Mills et al.	
6,381,143	B1		4/2002	Nakamura	
6,385,677	B1		5/2002	Yao et al.	
6,422,469	B1	*	7/2002	Pernet	235/486
6,435,409	B1	*	8/2002	Hu	235/441

· Abstract：本專利之簡介
· 24 Claims, 8 Drawing sheets：本專利申請之24項權項以及8張圖式
· 代表圖式（Representative Drawing）

　　專利首頁的最末會出現本專利的代表圖式 (Representative Drawing)，接著才列出所有的圖示。USPTO要求專利申請者盡可能提出圖式以輔助說明其技術，所謂「文不如表，表不如圖」，閱讀專利的時候也可以透過圖式快速了解該專利的內容。

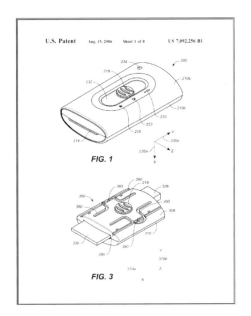
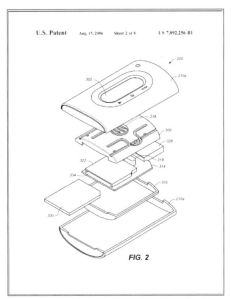

圖6-3 專利圖式之圖例

　　在圖式之後接著是專利的本文。專利說明書的內容與法律用語息息相關，因為觸及到申請人的技術以及法定權利，在闡述的時候需要以專門用語界定清楚，因此撰寫的時候多需要專利商標事務所等專業人員協助。本文分為以下幾個部份：

US 7,092,256 B1

RETRACTABLE CARD ADAPTER

CROSS REFERENCE TO RELATED APPLICATION

BACKGROUND OF THE INVENTION

SUMMARY OF THE INVENTION

- · Cross Reference to related Application：相關申請之交互參照。
- · Background of the Invention：發明背景
- · Summary of the Invention：發明概要
- · Description of drawings：圖式說明
- · Detailed description of the present invention：發明詳述

CROSS REFERENCE TO RELATED APPLICATION

The present invention is related to co-pending U.S. Design Patent Application No. D470499, filed concurrently herewith, which is incorporated herein by reference in its entirety.

- Brief Description of the drawings：圖式簡介
- Detailed description of the embodiments：發明詳述

第六章　Google專利搜尋

6-2　Google專利檢索

我們知道Google希望網羅全世界的資料，其中也包括了專利資料。目前Google Patents的資料僅來自於美國專利商標局 (USPTO──United States Patent and Trademark Office)，包括已經通過的 (issued patents) 以及正在申請的 (application) 專利。收錄的年代為1790年到現在共約七百多萬筆的數目，至於最近幾個月剛通過的專利以及國際專利則無法在Google Patent Search搜尋到。但是Google Patent Search的使用介面相當的友善，對於剛開始查詢專利資料的使用者來說是很容易上手的一個資料庫。

Google Patents目前只有英文介面，其首頁的URL為：http://www.google.

com/patents，下方會出現五個隨機展示的專利影像吸引使用者注意。

　　與一般Google檢索一樣，Google專利查詢是採用關鍵字搜尋的技術，至於關鍵字的選擇則可參考本書3-1關鍵字檢索的介紹。其查詢結果是由相關程度高低為依據，由相關程度高者排列在前。至於進階查詢則提供更多種查詢途徑，例如專利分類號等等。

圖6-4　Google Patent Search的首頁

　　每件專利都會有一個到數個專利分類號，愈多分類號表示它涵蓋的技術範圍愈廣。為了確認沒有錯失相關專利，我們也不妨瀏覽與該專利同類別的其他專利，也就是同分類號的專利。這就好比我們閱讀了一本圖書分類號 (call number) 為438.2，有賀久雄撰寫的「新講養蠶學大要」之後，希望延伸閱讀相關的書籍時，可以搜尋圖書分類號同為438.2的其他相關書籍。如果發現找到的資料太多，可以利用檢索技巧排除某些特定的字。

　　Patent Search亦支援基本運算元 (operator) 讓檢索的精準度更高。這些運算元包括了：

　　・「+」：強迫Google搜尋本來會被忽略掉的停字 (stop word)，如 I, the, of,

and ...

　　例如：World War I 應輸入為World War +I

・「-」：強迫Google排除 - 號後面的字。

　　例如：mouse -computer

・「" "」：找出與括弧中完全一樣的詞。

　　其用法為"World War II"

　　按下首頁的「Advanced Patent Search」可以進入進階查詢的畫面，設定更多精確的條件。

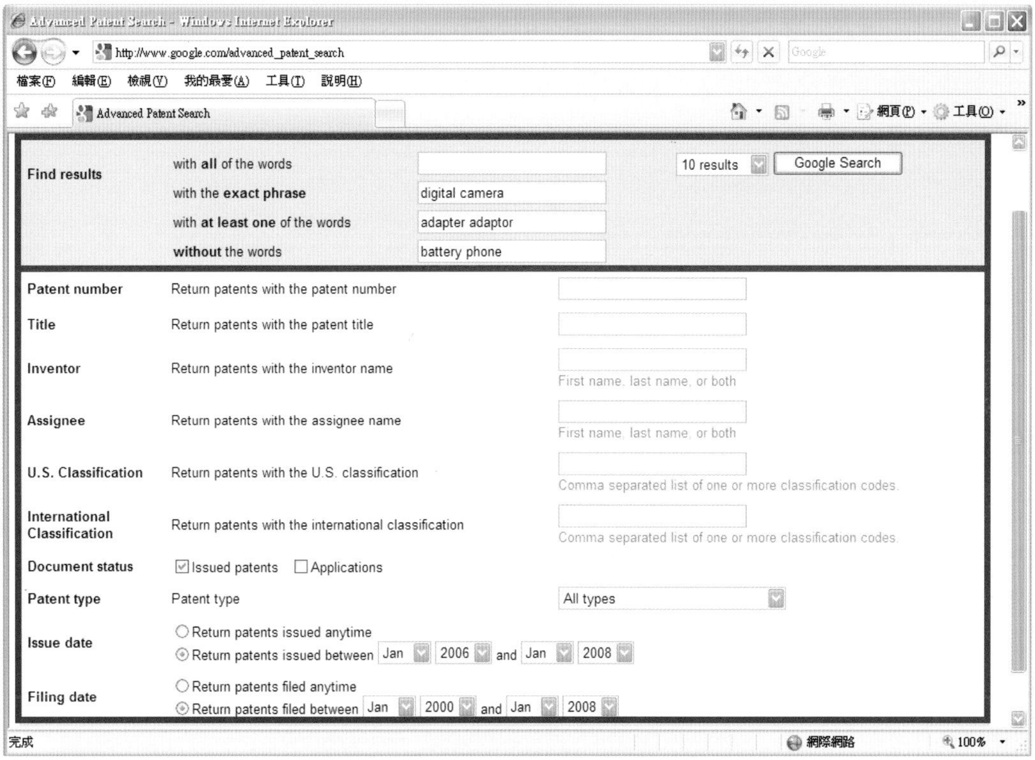

圖6-5　Google Patent Search進階檢索畫面

Find results	with **all** of the words		10 results ▾	Google Search
	with the **exact phrase**	digital camera		
	with **at least one** of the words	adapter adaptor		
	without the words	battery phone		

上半部紅框的空格是讓我們填入檢索詞之用，其中

・With all of the words相當於patent search首頁的快速檢索。

・With the exact phrase相當於運算元的「" "」，也就是強制相符。

・With at least one of the words相當於運算元的「OR」，也就是或者。

・Without the words相當於運算元的「-」，也就是排除後者。

我們在強制相符的欄位填上了digital camera；必須出現的單字是adapter或者是adaptor；而絕對不允許出現的是battery和phone這兩個單字。接著繼續檢視下方的設定。

Patent number	Return patents with the patent number	
Title	Return patents with the patent title	
Inventor	Return patents with the inventor name	First name, last name, or both
Assignee	Return patents with the assignee name	First name, last name, or both
U.S. Classification	Return patents with the U.S. classification	Comma separated list of one or more classification codes
International Classification	Return patents with the international classification	Comma separated list of one or more classification codes
Document status	☑ Issued patents ☐ Applications	
Patent type	Patent type	All types ▾

All types
Utility
Design (D)
Plant (PP)
Defensive publication (T)
Statutory invention registration (H)
Reissue design (RD)
Reissue utility (RE)
X patents (X)
X patent reissue (RX)
Additional improvements (AI)

Issue date
○ Return patents issued anytime
⊙ Return patents issued between Jan ▾ 2006 ▾ and Jan ▾

Filing date
○ Return patents filed anytime
⊙ Return patents filed between Jan ▾ 2000 ▾ and Jan ▾

欄位	說明
Patent number	專利案號，例如：11/235,114
Title	專利名稱，例如：Feed spacer for spiral-wound membrane module
Inventor	發明人，例如：Kuo-Lun Tung
Assignee	所有權人，例如：Chung Yuan Christian University
U.S. Classification	美國專利分類號，例如：210/321.83

欄位	說明
International Classification	國際專利分類號，例如：B01D 63/10
Document status	專利文件狀態，Issued patents表示獲准專利，Applications表示申請專利。
Patent type	專利類別。
Issue date	專利公告日。
Filing date	專利申請日。

至於在Patent type這部份又可以分成：

```
All types
Utility
Design (D)
Plant (PP)
Defensive publication (T)
Statutory invention registration (H)
Reissue design (RD)
Reissue utility (RE)
X patents (X)
X patent reissue (RX)
Additional improvements (AI)
```

欄位	說明
All types	所有類別。
Utility	發明專利。
Design (D)	設計/新式樣專利。
Plant (PP)	植物專利。
Defensive publication (T)	防衛性公告。透過公開發表某項技術，使其他人無法取得該技術之專利權，藉以保障自己未來製造、使用、販賣權。1985年本出版品已經被Statutory invention registration（SIR）所取代。
Statutory invention registration (H)	法定發明註冊。與前述的Defensive publication相同，申請人放棄取得某發明之專利權，並支付申請、刊行的費用後，藉著SIR將技術公開發表，使他人無法取得該技術之專利權。
Reissue design (RD)	再公告設計/新式樣專利。係指更正原設計專利的錯誤或瑕疵，但不會影響原專利權期間。
Reissue utility (RE)	再公告發明專利。係指更正原發明專利的錯誤，但不會影響原專利權期間。
X patents (X)	X專利。1790年7月到1836年7月間由USPTO公告的專利。由於這些專利於1836年一場大火中燒毀，之後進行編號，其最後一碼為X，故稱為X patent。
X patent reissue (RX)	再公告X專利。重新公告的X專利。例：2960 1/2X。
Additional improvements (AI)	從屬專利。針對原專利（基礎專利）做進一步改善之專利。

在此簡單說明法定發明註冊 (SIR) 的實務。假設A公司原本持有某專利，並利用該技術製造產品，但專利維護費甚高，公司無意繼續維護，於是決定放棄專利並將技術公告於SIR，這意味著未來其他人也可以用同樣的技術製造產品，但是不能對該技術申請專利，也不能阻止A公司生產或利用這項技術創造其他進階產品。

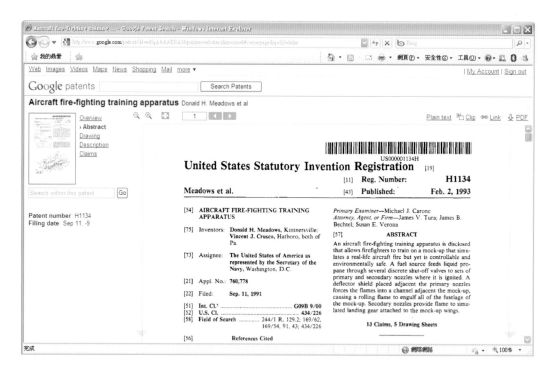

圖6-6 法定發明註冊 (SIR) Statutory invention registration

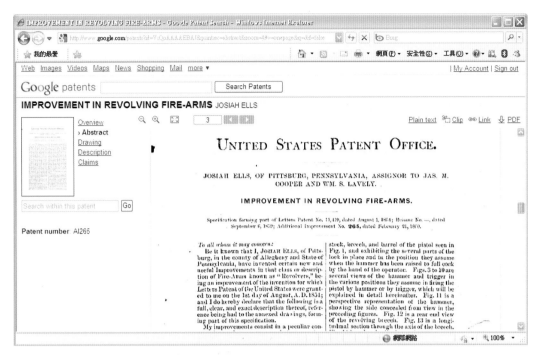

圖6-7　從屬 (Additional improvements) 專利

　　如果我們確實已經知道自己要調閱的是哪一份專利資料，最明確的方式就是輸入專利案號 (Patent Number)，這是因為許多專利具有相同的專利名稱 (見圖6-8)，容易造成混淆。就像世界上有許多相同書名的書，如果要明確指出我們所需要的是某本書籍，最好的方式是附上國際標準書號 (ISBN)。至於專利分類號適用於瀏覽某一類專利，並無法專指個別專利。

第六章　Google專利搜尋

圖6-8　具有相同名稱的專利

　　接續圖6-5的設定，按下 Google Search ，Google會先依照相關程度的
高低來排列檢索結果，如果我們希望以獲得專利的日期先後來排序，也可以讓
結果變成依據時間排列。

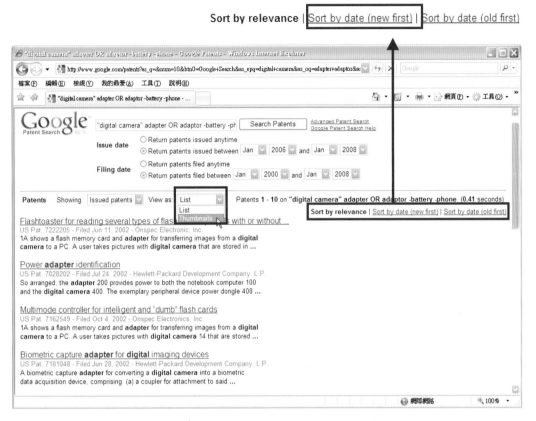

圖6-9　改變結果的排列順序及顯示方式

　　選擇Thumbnails會讓原本以清單 (List) 排列的方式改為圖示 (Thumbnails) 陳列。

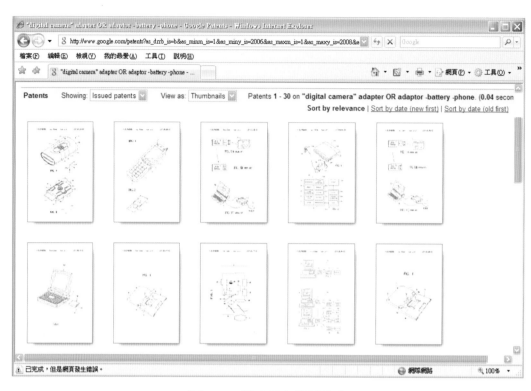

圖6-10　各專利之代表圖式

搜尋到的專利資料其外形大致如下：

圖6-11　Google專利查詢結果說明

點選專利名稱以閱覽專利資料。

圖6-12 Google Patents各項說明(一)

紅框部分為專利概述，說明本專利的專利號碼、申請日期、核准日期、發明人、專利權人、專利審查委員、專利商標事務所、申請案號以及美國專利分類號。

Search within this patent [Go]：在此專利全文中搜尋某關鍵字。

Read this patent：閱讀本專利的影像檔。

Download PDF：下載本專利的PDF檔。

View patent at USPTO：移至USPTO (美國專利商標局) 網站檢視本專利。

Citations：本專利所引證 (cite) 的其他專利。

第六章 Google專利搜尋

圖6-13　Google Patents各項說明(二)

Referenced by：引證本專利的其他專利。

Claims：專利申請權項，也就是該專利所申請的範圍。

圖6-14　Google Patents各項說明(三)

Drawing：專利圖示。

6-3　Google專利通報服務

　　Google專利搜尋除了可以找到已經存在的資料之外，如果我們希望未來當
Google發現任何符合檢索條件的新專利都可以主動通知我們，那麼就應該訂閱
一份RSS。這項功能相當於許多資料庫所提供的各種Alert (通報) 服務：例如
ScienceDirect資料庫提供了四種通報服務。

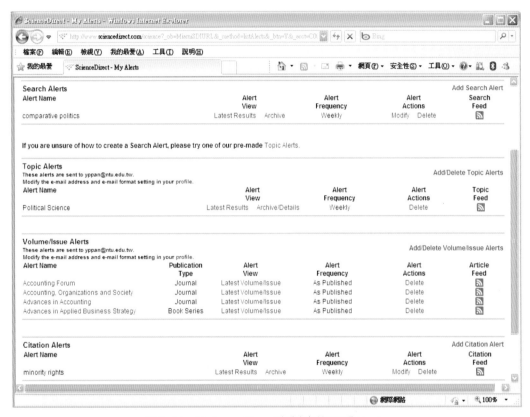

圖6-15　ScienceDirect資料庫的四種Alerts

　　首先，先進行一次專利查詢，其結果如圖6-16，移動到畫面最下方，可以
發現 的圖示，這表示我們可以追蹤這次的查詢，將來如果有任何新的專利
符合我們的查詢條件，那麼新的資料就會寄送到我們的信箱或是RSS閱讀器當
中。此處我們以Google閱讀器為例進行說明。

第六章　Google專利搜尋

圖6-16　Google專利查詢的結果畫面

　　按下連結，進入到圖6-17的訂閱畫面。

圖6-17　訂閱專利檢索RSS

　　我們可以按下「訂閱此摘要」，或是複製上方的網址後貼在Google Reader
的「新增訂閱」中。這樣我們就不必每天追蹤Google Patent Search看看有沒有
新的、符合條件的專利出現，只要等著Google通知我們就可以了。

圖6-18　登入Google閱讀器讀取訂閱資訊

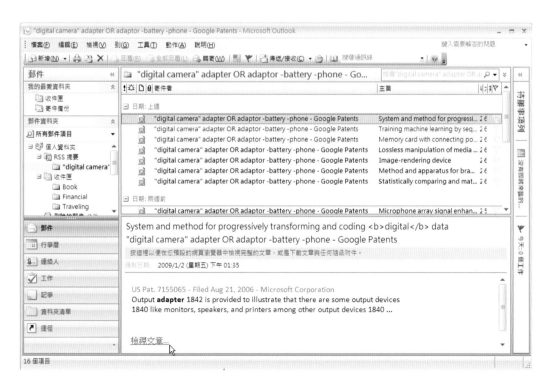

圖6-19　利用Outlook訂閱RSS保持資訊更新

Part 3

應用工具篇

Part 3

應用工具篇

　　Google工具列 (toolbar) 可安裝在瀏覽器當中，以便更快速地使用Google各項功能，其外觀如下，其中有許多功能可以有效幫助研究工作的進行。Google工具列是一個小程式，只須要簡單的步驟就可以下載並安裝到自己的電腦中。

圖7-1　Google工具列外觀

　　要下載Google工具列的執行程式，我們可以在Google網頁搜尋畫面中輸入「Google工具列」或「Google Toolbar」，找出下載的畫面。

圖7-2　安裝Google工具列

按下 安裝 Google 工具列 6 ，接著就會進入下載和安裝的步驟。

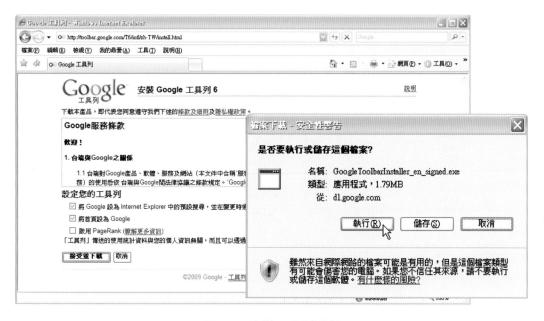

圖7-3　安裝工具列過程

圖7-4　完成Google工具列的安裝

如果工具列沒有自動顯示於瀏覽器上，我們可以點選「檢視」、「工具列」、「Google Toolbar」，以顯示工具列，反之如果取消勾選的話就會停用本工具。

圖7-5　勾選Google Toolbar並固定至瀏覽器中

另外一個移除Google工具列的方式則如圖7-6。

圖7-6 移除Google工具列

圖7-7看到的 🗃、🗂、☆ 等圖示稱為按鈕，每個按鈕都表示不同的小工具。對於研究工作或是日常工作來說，不論是自動填入表格、拼字檢查、翻譯等都是方便好用的助手，且功能不斷地增加當中。以下將介紹與研究工作和論文寫作相關的工具。

圖7-7 Google工具列按鈕 (部分)

7-1 自訂工具按鈕

　　剛安裝的工具列上出現的按鈕都是系統預設的，如果要增加或刪除工具按鈕，可以按下 🗂，然後新增所需的工具。如果沒有 🗂 鈕，則點選 ➕ 後，採取

方法1.將需要的按鈕名稱輸入空格，或是方法2.按下「開啟完整按鈕集」。

　　假設我們現在想要新增一個「button Gallery」按鈕，以下為其步驟。

　　方法1：將需要的按鈕名稱輸入空格。

圖7-8　尋找所需按鈕

　　出現所需的工具之後，按下右方的新增到工具列即可。

圖7-9　新增所需按鈕

　　方法2：按下「開啟完整按鈕集」

圖7-10　開啟完整按鈕集

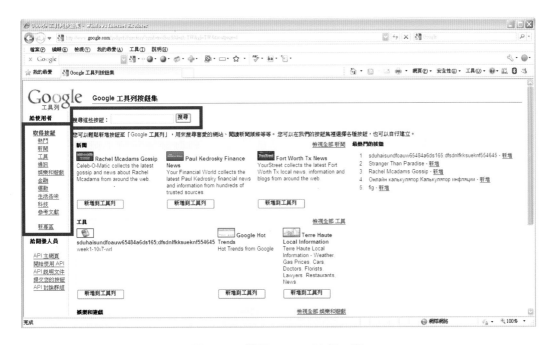

圖7-11　各種Google按鈕一覽

　　接著在左方的工具分類中選擇所需按鈕，或是在上方空格中輸入按鈕名稱，按下新增即可，如此一來就可以看到按鈕庫的圖示出現在工具列上了。

圖7-12　按鈕庫圖示成功安裝於工具列

　　同樣地，假設我們希望將「Google閱讀器」的功能按鈕放在工具列上，那麼我們可以在空格中填入Google Reader進行搜尋。結果會出現許多符合條件的工具。

圖7-13　搜尋相關工具

挑選適合的工具之後，按下 新增到工具列 就完成了。

圖7-14　新增按鈕至工具列

在Google工具列上就出現了  Google Reader 的按鈕。

圖7-15　出現Google閱讀器的按鈕

圖7-16　按下按鈕開啓Google閱讀器

　　對於不再需要的按鈕，我們當然也可以進行取消。按下 🔧 圖示，再選「選項」。

圖7-17　工具列管理

圖7-18　移除工具按鈕

　　如果想要加入的工具太多，為了節省工具列上的空間，我們可以只留下工具的圖示而去除文字標籤以減少占用的空間。

　　所謂文字標籤，以 🔲 Google Reader 為例，🔲 是按鈕，而「Google Reader」就是文字標籤。去除文字標籤的步驟同上，將「按鈕文字標籤」的選項改成「無」，按下確定就完成了。

圖7-19　更改按鈕的文字標籤

去除文字標籤後，整個工具列看起來更清爽，也容納得下更多的按鈕。

圖7-20　有無按鈕文字標籤之比較

7-2　同步化工具列設定

新增或刪除按鈕的設定都只是儲存在目前使用的這台電腦，如果我們在不同的地方使用不同的電腦，那麼可以利用「同步化」的功能讓所有瀏覽器都與目前的設定同步。也就是說當我們登入Google帳戶之後，在一台電腦上把喜歡

的工具按鈕新增或是移除成我們需要的狀態，下次即使換用其他電腦，只要我們登入同一個Google帳戶，Google工具列就會從網路上存取上次的設定。

　　要讓Google工具列記住設定，首先必須在 ⬤ 的位置按下滑鼠左鍵，再按下「從任何地方存取您的工具列設定」就完成了。

圖7-21　啓用Google存取設定

　　如果要解除這項功能，只須要按下使用者名稱，並點選「限制只在此電腦使用工具列設定」即可。

圖7-22　解除Google存取設定

7-3　書籤、Google筆記本

　　說到查詢資料，免不了會搜尋許許多多的網頁。要如何將網頁資料有條理的儲存和管理是一項困難的工作，一般人會採用「加入我的最愛」再利用「組織我的最愛」來管理，但是這樣只是方便下一次閱覽，無法像剪報那樣對內容進行保存並可隨意加上註解或是分享，因此「Google筆記本」的功能便應運而生。利用Google筆記本，我們把網頁資料當做一份剪報資料，先將需要的資料

貼上標籤、標註摘要、心得，再將資料保存在筆記本中。以下就書籤和筆記本的使用方法做一簡單介紹。

　　要將網頁資料貼上標籤，只要直接按下工具列上的「☆」就完成了。

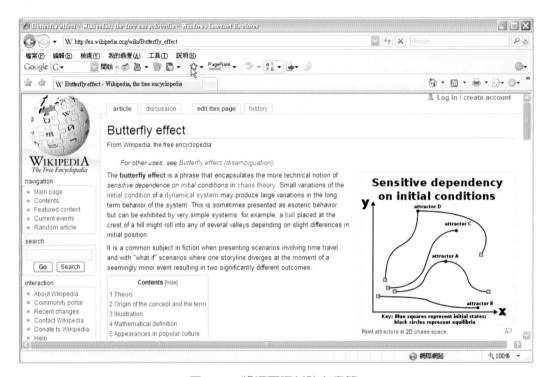

圖7-23　將網頁資料貼上書籤

　　已經貼上書籤的網頁，其星號會由 ☆ 變成 ☆。按下星號旁邊的倒三角形 ▼ 可以管理書籤。

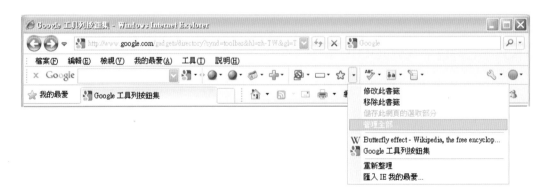

圖7-24　利用書籤管理網頁資料

圖7-25　管理書籤

　　貼上書籤的網頁資料其實也可以利用Google筆記本管理。我們可以將收集到的網頁標籤先進行分類，再放進不同的筆記本當中。當然，一位使用者可以擁有多本筆記本，以便將不同題材的資料放進不同的筆記本中。接著我們要介紹的就是筆記本的用法。首先，開啟Google筆記本。

圖7-26　開啟Google筆記本

按下 📖**書籤**，可以看到剛才擷取的網頁資料，如果按下 📄**註解** 可以加入自己想要記錄的心得或注意事項等文字，在記錄的同時，可以使用上方的字型工具改變字體、大小、字型；輸入完畢之後按下「立即儲存」即可。

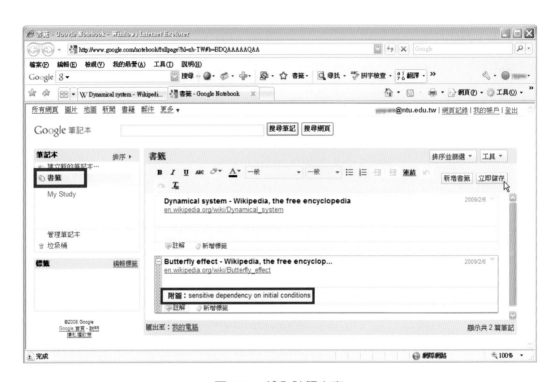

圖7-27　輸入註解文字

　　這些書籤資料還只是零散的一堆資料，尚未收納到任何筆記本中，如果資料愈來愈多，將來會變得愈來愈難以整理、利用，因此我們必須進行歸檔。首先，這些書籤必須分門別類的貼在筆記本中，所以我們可以建立多本筆記本，Google預設的筆記本名稱為「我第一個筆記本」，我們也可以更改名稱以方便辨識。

　　按下「管理筆記本」，在這個畫面中，我們可以將資料進行匯出、共用、刪除、重新命名等動作。此處選擇重新命名。

　　輸入新名稱：My Study後按下「確定」，在圖7-29的左方可以見到名為My Study的筆記本已經建立完成。使用者可以依據自身的需求建立多個筆記本，以方便資料管理。

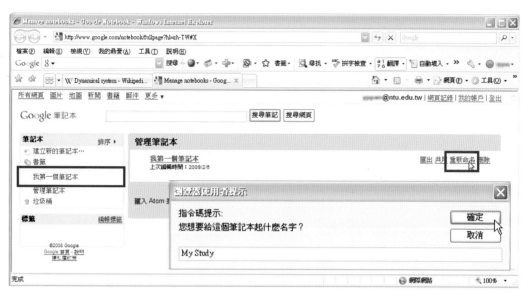

圖7-28　為筆記本命名

　　接著，將剛才的書籤放進筆記本當中。按下書籤右方日期旁的▼符號，在
選單當中選取「移動」。

圖7-29　將書籤歸檔

為這篇網頁記錄選擇筆記本。確定之後按下「移動」就完成了。

圖7-30　移動書籤至My Study筆記本

Google筆記本也可以和他人一起共用，也就是共同管理。其優點在於資訊即時，合作的夥伴之間只要登入筆記本就可以看到彼此最新收集和整理的資訊。

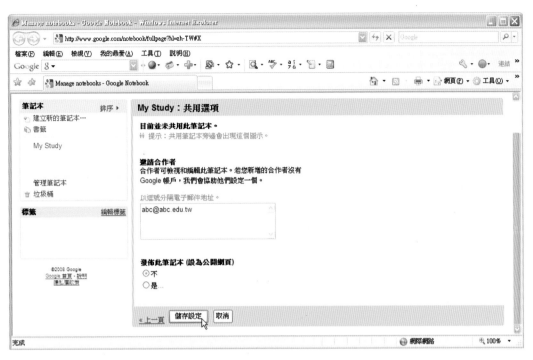

圖7-31 開放筆記本共享

　　至於受邀者會看到一封附有網址連結的通知信，只要進入該網址就可以瀏覽或編輯筆記本，也可以多人共同管理筆記本。

圖7-32 邀請合作者共用筆記本

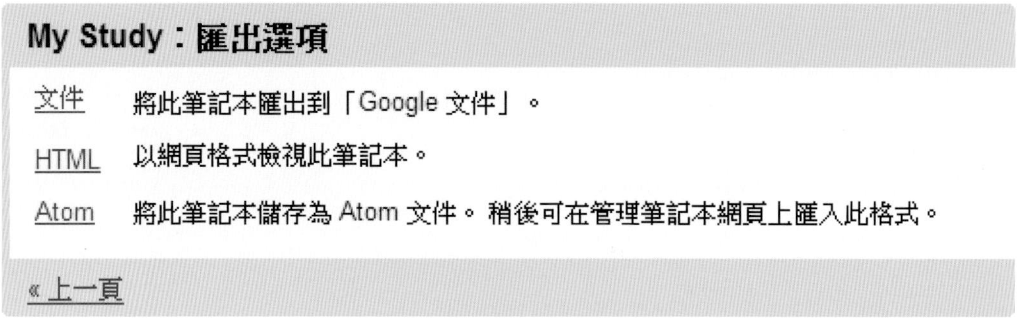

My Study：匯出選項

文件　　將此筆記本匯出到「Google 文件」。

HTML　　以網頁格式檢視此筆記本。

Atom　　將此筆記本儲存為 Atom 文件。 稍後可在管理筆記本網頁上匯入此格式。

《 上一頁

圖7-33　筆記本可以不同形式匯出

7-4　翻譯工具

　　Google在支援翻譯工作上，除了可以利用2-2所介紹的運算元「fy」或「翻譯」，尚有工具列上的按鈕 🔤 文字翻譯器、🔳Google Translate等，可迅速查詢目前網頁，除此之外「Google翻譯」和「Google字典」兩大工具也提供不可忽視的便利性。

　　🔤 可針對單字進行翻譯以及網頁整頁翻譯。以單字為翻譯對象的工具稱為「文字翻譯器」，它可以將英文單字翻譯成繁體中文、簡體中文、法文、德文、義大利文、日文、韓文、俄文、西班牙文。目前只支援英文單字的翻譯，尚不包含其他語言。

　　至於「網頁翻譯」可以針對整個網頁進行翻譯，且支援多國語言，包括：

- 阿拉伯文
- 保加利亞文
- 簡體中文
- 繁體中文
- 克羅埃西亞文
- 捷克文
- 丹麥文
- 荷蘭文
- 英文
- 法文
- 德文
- 希臘文
- 印度文
- 義大利文
- 日文
- 韓文
- 挪威文
- 波蘭文
- 羅馬尼亞文
- 俄文
- 西班牙文
- 瑞典文

圖7-34 Google Translate工具按鈕

以下將依序介紹1.文字翻譯器按鈕，2.Google翻譯，以及3.Google字典。

7-4-1 文字翻譯器

a.文字翻譯器

以文字翻譯器為例，在Google工具列上按下 $_{\mathrm{ĝa}}$，接著只要將滑鼠停留在任何單字上，翻譯器就會自動出現該單字的中文解釋。

第七章 Google工具列

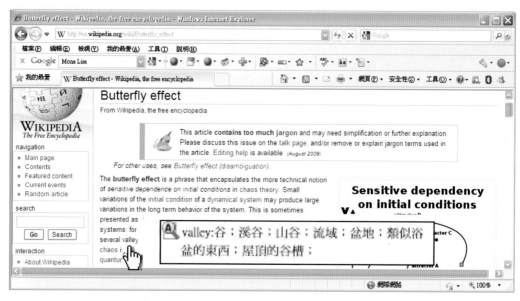

圖7-35　Google文字翻譯器

　　如果想要取消自動翻譯的功能，只要取消文字翻譯器的前方的 ∨ 號就可以取消這個功能。

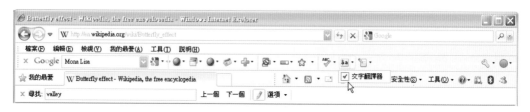

圖7-36　開啓或取消文字翻譯器

　　除了將英文單字翻譯成中文之外，還可以翻譯成其它語言。更改設定的方法如下：首先，按下工具列上的  ，再點選「選項」。

圖7-37　改變語言設定

在左方的選單中點選「工具」；按下翻譯選項右方的 ⊞編輯，選擇「日文」之後按下儲存。

圖7-38　變更翻譯語言

改變設定之後將滑鼠移動到任何一個英文單字上，原本產生的中文翻譯就會自動轉變成日文翻譯。

第七章 Google工具列

圖7-39　針對單字產生日文翻譯

b.網頁翻譯

　　當我們瀏覽外文資料的時候，可以隨時按下 $\begin{smallmatrix} & a \\ a \end{smallmatrix}$ 按鈕，網頁就會自動翻譯成為中文 (或依其設定)。

圖7-40　網頁整頁翻譯

如果要更改成其他翻譯語言，只要選擇選單中的選項就可以了。

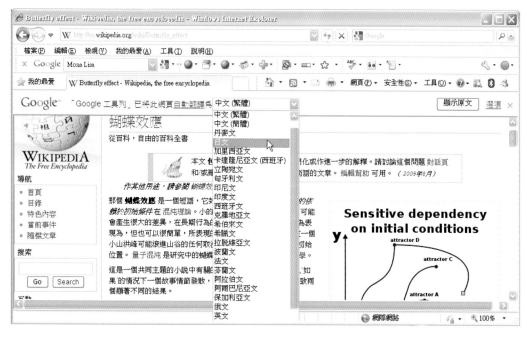

圖7-41 轉換為日文

圖7-42 日文翻譯完成

要檢閱原文資料可以隨時按下 顯示原文 。

7-4-2 Google翻譯

在Google翻譯的首頁可以看到除了本身所提供的「文字、網頁或文件」的翻譯工具外，還可以連結到Google字典、新增Google工具等畫面。在「首頁」和「文字和網頁」的空格都是指文字和網頁的翻譯，輸入文字或是網址，Google便會自動進行翻譯。

圖7-43　在Google翻譯空格輸入網址

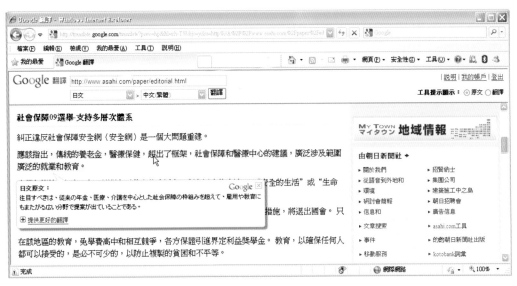

圖7-44 自動全文翻譯

　　也可以上載一份文件讓Google進行翻譯。如果我們不確定原始文字所使用的語言為何，可以按下「偵測語言」讓Google判定。除了翻譯成中文之外，也可以翻譯成他國語言，以圖7-45為例，我們讓Google自動判斷待譯的語言之後，設定其轉換成法文。

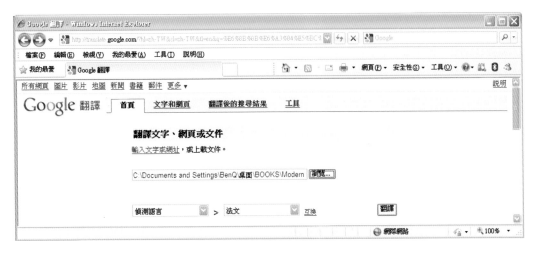

圖7-45 利用偵測語言功能

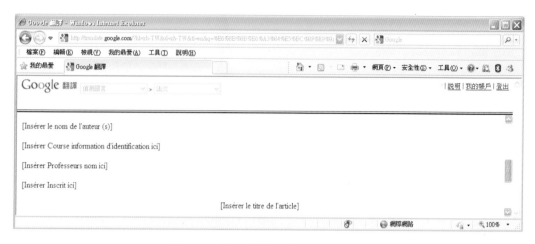

圖7-46　將上載的文件翻譯成法文

至於按下 **翻譯後的搜尋結果** 則可將句子進行翻譯，並且尋找網頁上相符的結果，也就是同時執行兩項工作。

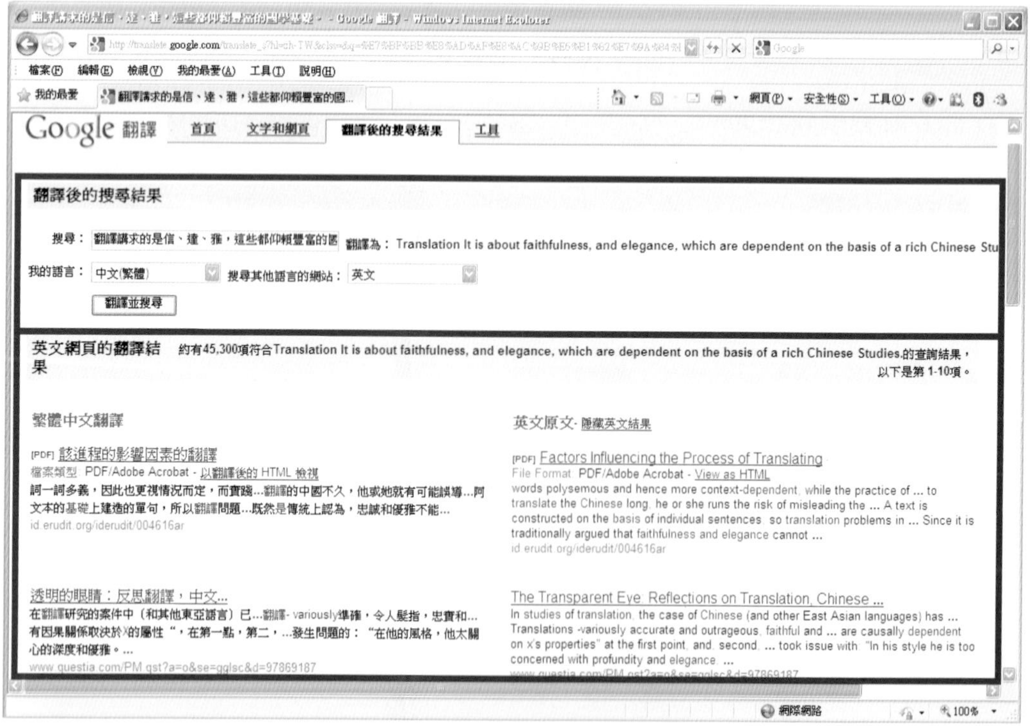

圖7-47　翻譯與網頁搜尋同時進行

7-4-3 Google字典

目前仍是beta版的Google字典可以查詢多國單字、詞組與慣用語，經常需要使用到字典的使用者也可以將Google 字典安裝在工具列上以便隨時查閱單字，節省時間。

圖7-48 Google字典首頁

第七章 Google工具列

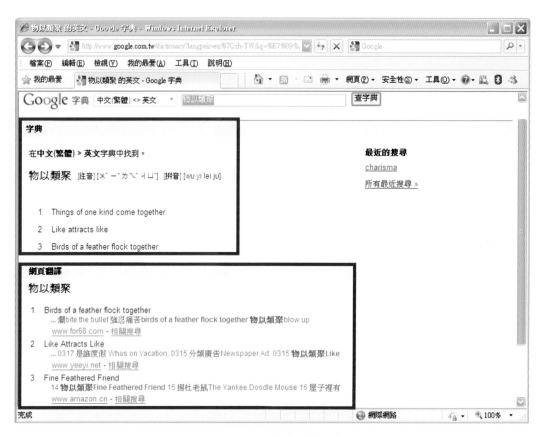

圖7-49　Google字典的檢索結果

　　相較於Google字典，Google翻譯所得到的資料就明顯的簡化許多。

圖7-50 用相同詞組查詢Google翻譯

按下Google字典首頁空格右方的「使用偏好」可進行個人化的設定，例如介面語言希望是繁體中文或其他語言？「查詢語言」是常用某幾種語言或可能是多種語言？是否提供中文繁簡轉換？

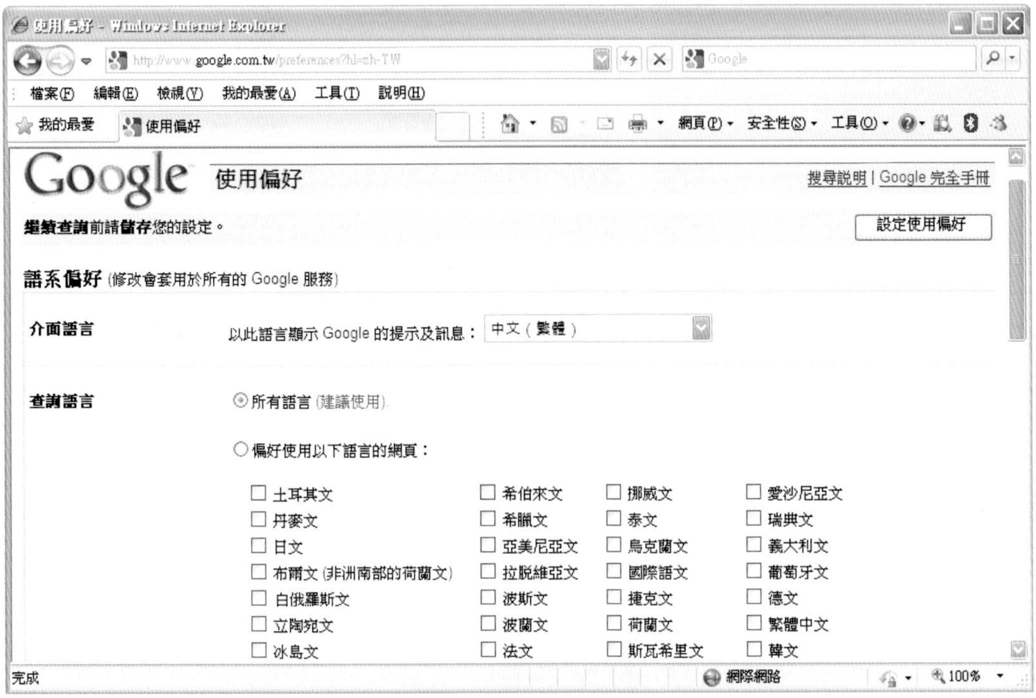

圖7-51 設定語系偏好

　　同樣按下首頁空格右方的「顯示語言選擇」則會出現如圖7-52的畫面，按下選單上的「英文」，右方會多出一欄所有跟英文翻譯有關的選項。

圖7-52　選擇語言轉換方式

　　按下 新增字典小工具 可以將Google字典新增到個人化的iGoogle中。

圖7-53 新增Google字典到iGoogle

7-5 拼字檢查

撰寫文件常面臨拼字問題，利用Google的拼字檢查工具可以快速的幫我們進行確認，其優點在於不只是可以檢查英文，還可以檢查丹麥文、荷蘭文、芬蘭文、法文、德文、義大利文、波蘭文、葡萄牙文、俄文、西班牙文、瑞典文，除了檢查拼字之外還提供修正功能。如果我們選擇「自動」，Google就會自行判別語言並進行修正。

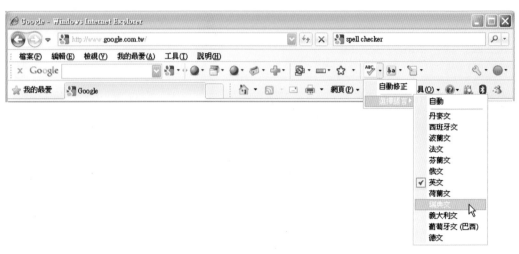

圖7-54　拼字檢查所支援的語言

　　完成之後只要按下 **停止** ▾ 就可以回復一般的狀態。在網頁下進行的文字編輯工作都可以利用拼字檢查的工具。至於在Google文件 (Google Docs) 中撰寫的文字則必須點選其文字工具列上的 的圖示而非瀏覽器上Google工具列的 按鈕。有問題的詞彙會以清晰的黃色標示出，按下滑鼠左鍵可以看到Google字典建議的其他單字。

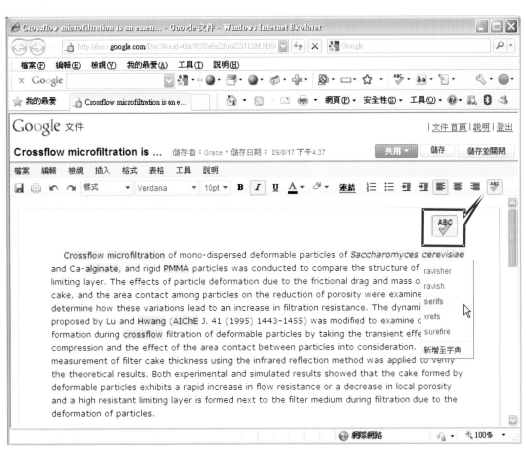

圖7-55　Google Docs的拼字檢查鍵

Part 3

應用工具篇

　　之前各章節都是討論如何查詢資料、追蹤資料以及取得資料，而這一章則進入了撰寫論文的階段。研究工作在廣泛的閱讀和分析、實驗之後自然要將研究的成果作一總結，並且以專利或是論文等方式呈現。一般來說，專利說明書的撰寫不僅是把技術層面的細節寫出，而且還牽涉到許多法律的術語，必須借助專利事務所人員協助撰寫，因此本章將以學術論文的撰寫做為說明的例子。

　　另外，現在有許多桌上應用程式都逐漸Web化，而Google文件正可說是Microsoft Word、PowerPoint、Excel的Web edition。Web化的應用程式讓使用者不論走到哪裡都可隨時調閱資料並且編輯、分享，免去攜帶電腦的麻煩，同時也無須顧慮軟體版本的新舊，只要能夠連結到網路就可以使用最新版本的功能。Google文件還提供了離線使用的選項，即使在網路未連線的狀態下依然可以處理事務。本章將由論文格式開始介紹接著說明Google文件的操作。

第八章　Google文件與論文寫作

8-1　論文格式概說

　　論文的撰寫是經過無數次的文獻調查、整理、實驗、統計等工夫後所得到的珍貴研究成果；以期刊論文或是學位論文為例，它所闡述的內容廣度可以用圖8-1表示[1]。

---

[1]　參考Writing Up Research: Experimental Reaearch Report Writing for Students of English/Robert Weissberg, Prentice Hall, 1990一書。

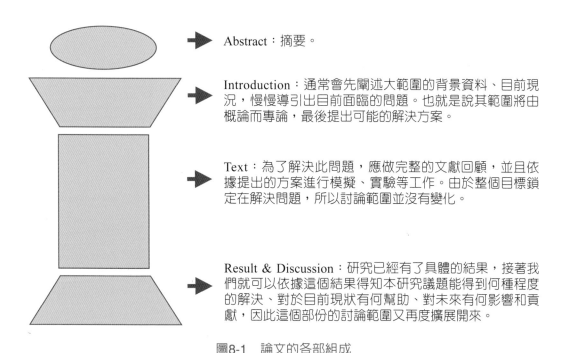

Abstract：摘要。

Introduction：通常會先闡述大範圍的背景資料、目前現況，慢慢導引出目前面臨的問題。也就是說其範圍將由概論而專論，最後提出可能的解決方案。

Text：為了解決此問題，應做完整的文獻回顧，並且依據提出的方案進行模擬、實驗等工作。由於整個目標鎖定在解決問題，所以討論範圍並沒有變化。

Result & Discussion：研究已經有了具體的結果，接著我們就可以依據這個結果得知本研究議題能得到何種程度的解決、對於目前現狀有何幫助、對未來有何影響和貢獻，因此這個部份的討論範圍又再度擴展開來。

圖8-1　論文的各部組成

　　值得注意的是「摘要」 (abstract) 通常是全文完成之後才動手撰寫，因為摘要相當於全篇論文的濃縮，因此等到全文完成後再下筆會更為合適。

　　不論是會議論文或是期刊論文都有其投稿格式，以投稿Journal of membrane science為例，在該期刊網頁的Guide for Authors中已經詳細規範了稿件架構 (article structure) 以及字型、字數、行距、圖、表、文獻引用等等的格式，在投稿期刊論文時，如果撰寫格式與規定不符就會面臨退稿的狀況，對於期刊編輯以及投稿者而言都在浪費文書往返的時間，因此投稿格式與論文的品質都是同樣重要的；各校系也針對學位論文制定各種論文格式或範本讓研究生依循，這些都是在確保論文的表現和品質具備一定的水準。

圖8-2　Journal of Membrane Science的投稿格式規定

References

Citation in text

Please ensure that every reference cited in the text is also present in the reference list (and vice versa). Any references cited in the abstract must be given in full. Unpublished results and personal communications are not recommended in the reference list, but may be mentioned in the text. If these references are included in the reference list they should follow the standard reference style of the journal and should include a substitution of the publication date with either "Unpublished results" or "Personal communication" Citation of a reference as "in press" implies that the item has been accepted for publication.

Reference style

Text: Indicate references by number(s) in square brackets in line with the text. The actual authors can be referred to, but the reference number(s) must always be given.
Example: "...... as demonstrated [3,6]. Barnaby and Jones [8] obtained a different result ......"
List: Number the references (numbers in square brackets) in the list in the order in which they appear in the text.
Examples:
Reference to a journal publication:
[1] J. van der Geer, J.A.J. Hanraads, R.A. Lupton, The art of writing a scientific article, J. Sci. Commun. 163 (2000) 51-59.
Reference to a book:
[2] W. Strunk Jr., E.B. White, The Elements of Style, third ed., Macmillan, New York, 1979.
Reference to a chapter in an edited book:
[3] G.R. Mettam, L.B. Adams, How to prepare an electronic version of your article, in: B.S. Jones, R.Z. Smith (Eds.), Introduction to the Electronic Age, E-Publishing Inc., New York, 1999, pp. 281-304.
Note: titles of all referenced articles should be included. Avoid the use of non-retrievable reports. We strongly recommend references to archival literature (and not personal communications or Web sites) only.

圖8-3　限定引用的格式

第八章　Google文件與論文寫作

學術論文之所以要列出引用文獻列表並且使用一定的格式來引用他人的文章，原因在證明自己的研究是基於某些基礎所得，將之列出做為佐證後，便無須贅述，也沒有剽竊研究成果之虞，如果閱讀者想要延伸閱讀，那麼他可以依據引用文獻列表自行調閱該篇文章。

至於每一種引用格式之間都有些許的差異，表8-1將國際上通用的引用格式和適用的學科領域做一列表[2]，每種格式亦附上書寫的範例。

表8-1　常見引用格式及範例

引用格式	適用領域
Chicago (Turabian) Oxford	文、史、哲領域，以Oxford格式為例： Forstner, Ulrich, Schoer, Jurgen, and Knauth, Hans-Diethard (1990), "Metal pollution in the tidal Elbe River", *The Science of The Total Environment*, 97-98, 347-68.
Vancouver Ex. BMJ house 　ACS 　AMA 　CBE	醫學、生物、化學領域，以ACS格式為例： 1. Forstner, U.; Schoer, J.; Knauth, H.-D., Metal pollution in the tidal Elbe River. *The Science of The Total Environment* 1990, 97-98, 347-368.
IEEE	電腦、電機工程領域，例： [1] U. Forstner, et al., "Metal pollution in the tidal Elbe River," The Science of The Total Environment, vol. 97-98, pp. 347-368, 1990.
Harvard Ex. CBE	社會、人文、自然科學領域，例： FORSTNER, U., SCHOER, J. & KNAUTH, H.-D. 1990. Metal pollution in the tidal Elbe River. *The Science of The Total Environment*, 97-98, 347-368.
APA	心理、社會、物理學領域，例： 1. U. Forstner, J. Schoer and H.-D. Knauth, The Science of The Total Environment 97-98, 347-368 (1990).
MLA	語言、人文學領域，例： Forstner, Ulrich, Jurgen Schoer, and Hans-Diethard Knauth. "Metal Pollution in the Tidal Elbe River." *The Science of The Total Environment* 97-98 (1990): 347-68. Print.
Chicago (Turabian) ASA	社會學領域，以Chicago 15[th]格式為例： Forstner, Ulrich, Jurgen Schoer, and Hans-Diethard Knauth. "Metal Pollution in the Tidal Elbe River." *The Science of The Total Environment* 97-98 (1990): 347-68.

第八章 Google文件與論文寫作

8-2　Google Docs

　　研究進行的同時，我們也會與他人產生許多交流，例如小組書報討論、國內或國際學術會議、撰寫實驗紀錄、規劃個人以及小組的研究進度等等，有時候我們是被動的、受到指揮的角色，有時候則必須主動的規劃、上台發表研究成果、尋求合作交流機會，兩者都是在研究過程中反覆出現的活動。

　　以email作為聯絡管道的方式也許適合一對一的溝通，如果合作的對象超過三人，那麼要修改一份文件就絕對不是一件輕鬆的事。以圖8-4(A)為例，試想如果五個人手中各有一份分析報告，而這份報告還可能隨時更新、隨時補充新數據，那麼最後有整體概念的成員就只有那位負責整理的成員，其他成員仍舊只知道自己手中的片段資料，同時此種方式很容易讓人混淆資料的新舊版本，管理不易。

　　反之以圖8-4(B)為例，由於每個人都擁有編權限，所以我們只需要在網路上放置一份稿件，成員們隨時可以上網更新資料，如果有需要討論的地方也可以透過製作問卷等方式集合大家的意見，如此不但時間相當自由，同時每個人也都能夠具備全盤性的概念。

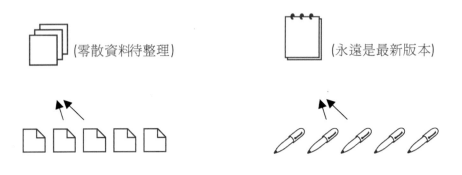

(零散資料待整理)　　　　　　　　(永遠是最新版本)

(A)不同時間傳遞、新舊不一　　　　　　　(B)直接編輯稿件

圖8-4　多人合作編輯文件的兩種模式

　　這也就是為什麼要使用Google文件的原因。首先，Google文件可以讓我們在任何地方都輕鬆編輯文件，不一定要攜帶自己的電腦才能工作，此外我們可以邀請其它作者共同編輯文件，確保所有更動都是最新的版本，無需廢時對

照、整合新舊或多人版本，再者它可以製作線上問卷，對於意見的搜集、整合都很有幫助。

　　Google 文件可以接受的文件類型有以下幾種：

文件 （Document）	上載：Word檔案、OpenOffice、RTF、HTML或.TXT格式 匯出：Word、OpenOffice、RTF、PDF、HTML或zip格式，亦可以電子郵件附件形式寄出
試算表 （Spreadsheet）	上載：.xls、.csv、.txt和.ods格式 匯出：.xls、.csv、.txt、.ods、.pdf和.html格式
簡報 （Presentation）	上載：.ppt和.pps格式 匯出：使用〔檔案〕功能表中的〔另存成壓縮檔案〕功能匯出簡報

圖8-5　Google文件首頁

　　Google 文件支援多國種語言，包含繁體中文，要更改語言介面的話只要按下上方的設定或是Setting就可以進行各項選擇和設定。

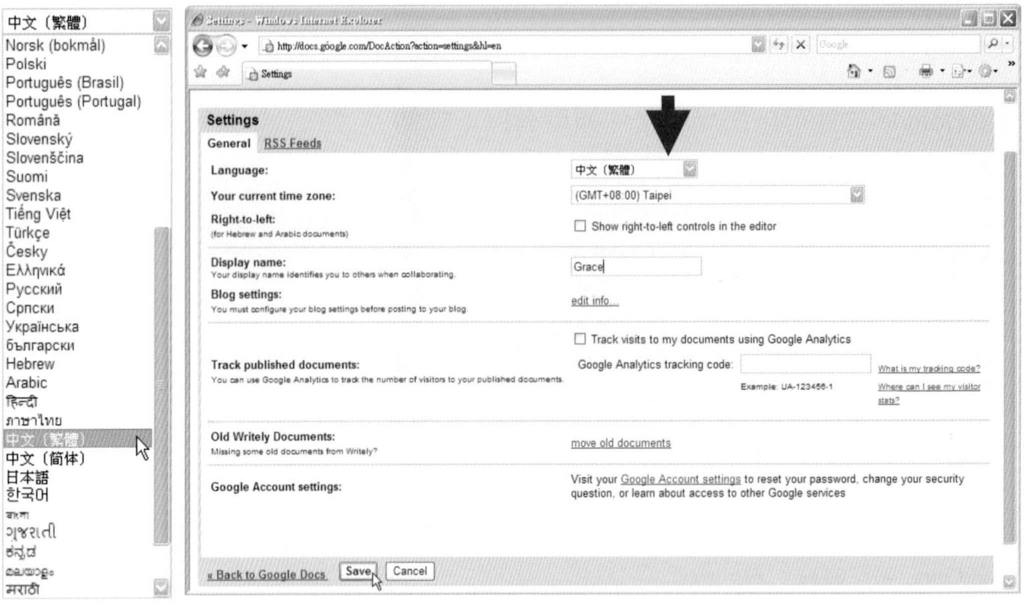

圖8-6　進行個人化設定

設定完成之後按下 **Save** 即可。

這些文件資料並非只限於網路連線的狀態下才可使用，事實上Google文件也支援離線檢視和編輯。要啟用這項功能，首先必須下載一個瀏覽器擴充套件，稱為Gears，下載方式很簡單，選擇Google文件首頁的「離線」，再依照指示進行安裝即可。Gears適用於Windows、Windows Mobile、Mac以及Linux、Android作業系統，在Windows系統下必須為 XP或Vista版本，使用Internet Explorer 6.0或firefox 1.5以上版本的瀏覽器，在Mac系統下則必須使用firefox 1.5版以上的瀏覽器。

圖8-7 啟用Google文件的離線功能

以Windows系統為例，在安裝完畢之後會在桌面發現一個Google文件的捷徑，當我們要離線使用Google文件、Google閱讀器時，只要按下桌面捷徑就可以開始進行編輯。

事實上只要具備一般Office使用經驗的人絕對可以輕輕鬆鬆的使用Google文件。

按下工具列上的「新增功能」將會開啟一個新的檔案，檔案類型可以是Document (文件)、Presentation (簡報)、Spreadsheet (試算表)，也可以產生Form (表格) 或是Folder (資料夾)。這裡的表格指的正是製作線上問卷的功能。

圖8-8 Google文件的功能

至於「使用範本」則可套用自己或是其他使用者上傳的範本。

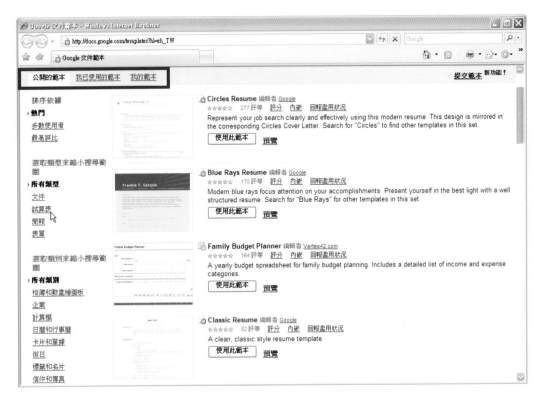

圖8-9　Google文件之範本庫

　　若我們想要將手邊的檔案上載到Google文件讓其他人瀏覽或編輯，只要按下「上載」就可將資料匯入Google文件。畫面右方顯示Google文件能夠接受的資料類型和大小限制。

圖8-10 上傳現有的檔案

　　我們也可以直接輸入網頁上的URL匯入網頁資料。例如我們在Google學術搜尋找到了一篇期刊論文，就可以將它傳遞到Google文件，如圖8-11、12。

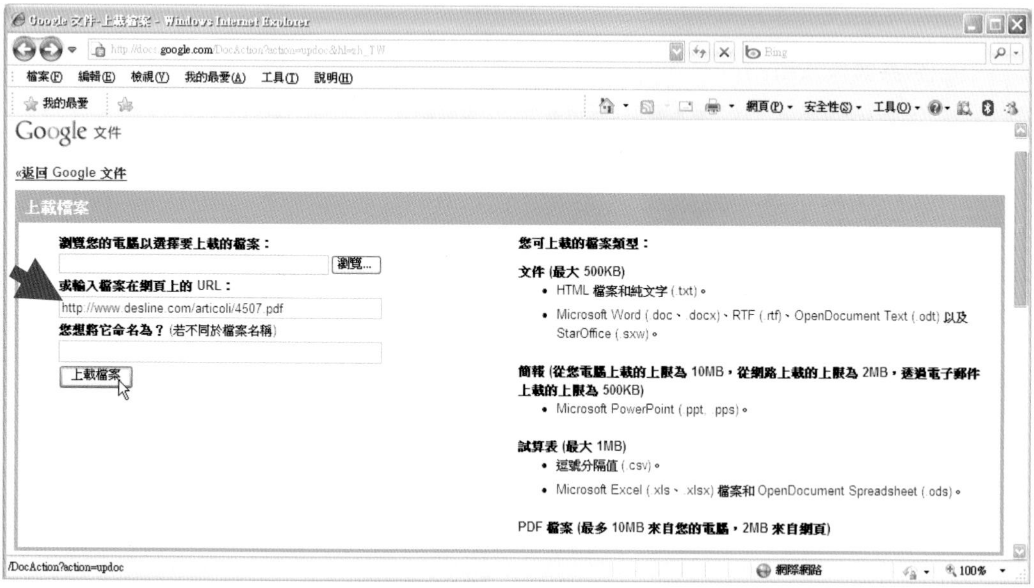

圖8-11 輸入網址以上載檔案

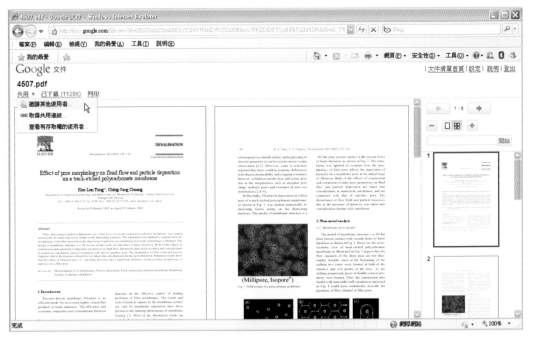

圖8-12　從網路上載入PDF檔

　　按下「共用」、「邀請其他使用者」可將檔案與他人分享，並可進一步授權他人編輯文件。

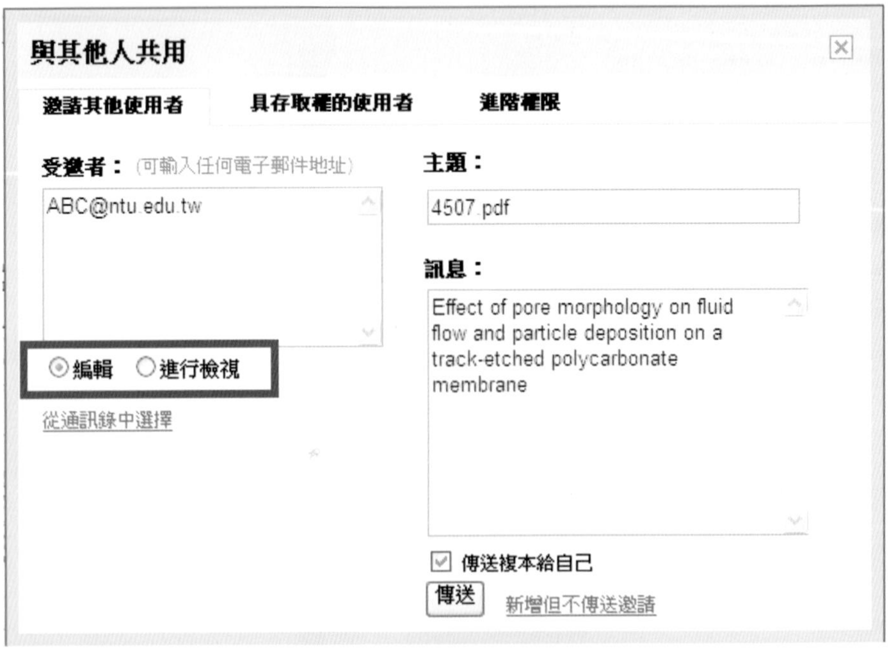

圖8-13　與他人資源共享

　　受邀者將會收到一封邀請函，點選網址就會連結到Google文件，如此將可輕鬆地完成資源共享。

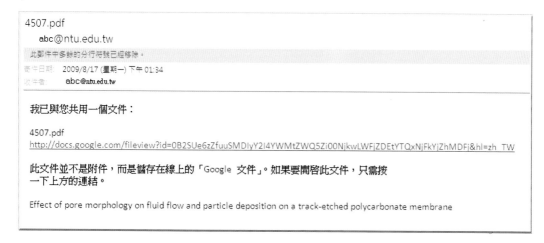

圖8-14　邀請函附有開啓文件的URL

　　由於以下這些文件工具都與我們熟悉的Office應用程式十分類似，此處僅稍加瀏覽它的介面即可，至於Google Form的製作方式則以較詳盡的方式說明。

8-2-1　Google Document

Google Document相當於Microsoft Word，也就是文書編輯軟體。

不只是功能，連功能圖示都與Word相同，要更改行距、字型等也都可以在

「編輯」、「文件樣式」的對話框中設定，十分容易上手。

圖8-15　Google文件的外觀及工具列

圖8-16　具備各種版面編輯功能

Google文件雖然與Microsoft Word的外觀相仿，事實上卻並非一樣的檔案格式，對於書目管理軟體，例如EndNote、RefWorks目前也無法立即支援，但是透

過檔案轉出的功能我們還是可以在自己的電腦上進行管理。Google文件可以將檔案下載為HTML、OpenOffice、PDF、RTF、純文字檔以及Word檔。

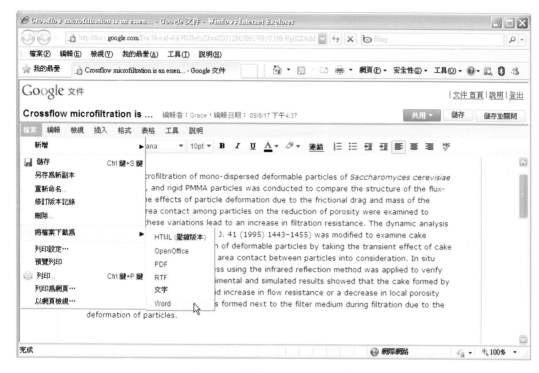

圖8-17　選擇下載的檔案格式

下載之後在Word環境中即可使用書目管理軟體。

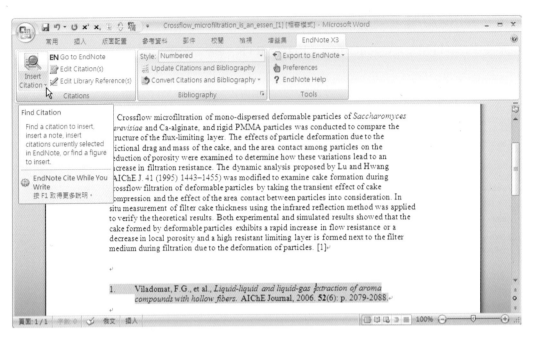

圖8-18　在Word環境下使用EndNote

　　Google文件的另一項設計是自動儲存每次登出時的版本，如果不滿意修改的結果，那麼隨時可以調閱最近三次的版本加以參考。

圖8-19　開啟修訂版本記錄

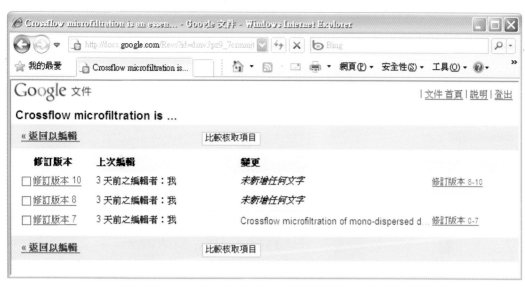

圖8-20 最近三次的版本

8-2-2 Google Presentation

Google Presentation類似於Microsoft Power Point，也就是簡報軟體。

Google Presentation提供許多常見的功能，甚至可以匯入影片；除了可以和他人共同編輯檔案之外，教師也可以課前開放權限讓學生下載當作講義，甚至於當我們出國開會時，為了避免萬一，可先將檔案上傳到Google Presentation做為備份。

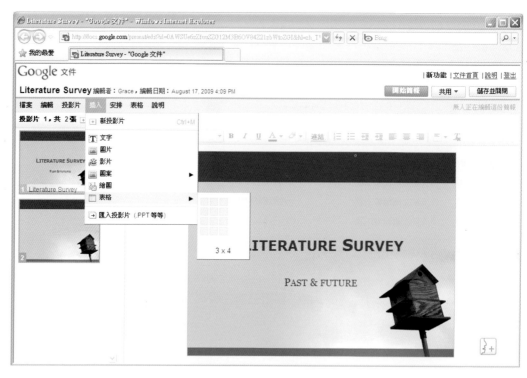

圖8-21　製作投影片

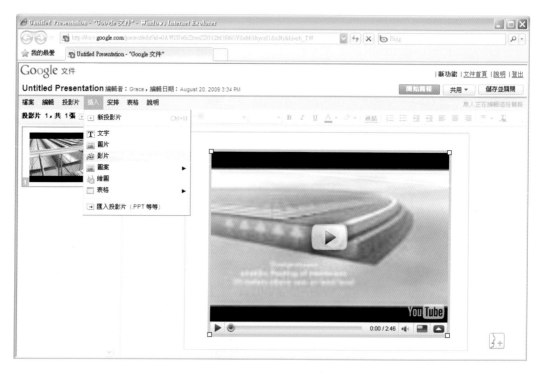

圖8-22　將影片嵌入投影片中

8-2-2 Google Spreadsheet

　　Google Spreadsheet類似於Microsoft Excel，也就是試算表。除了各種基本功能和函式之外，同樣也支援自動繪製圖表。

圖8-23　Google 文件試算表功能

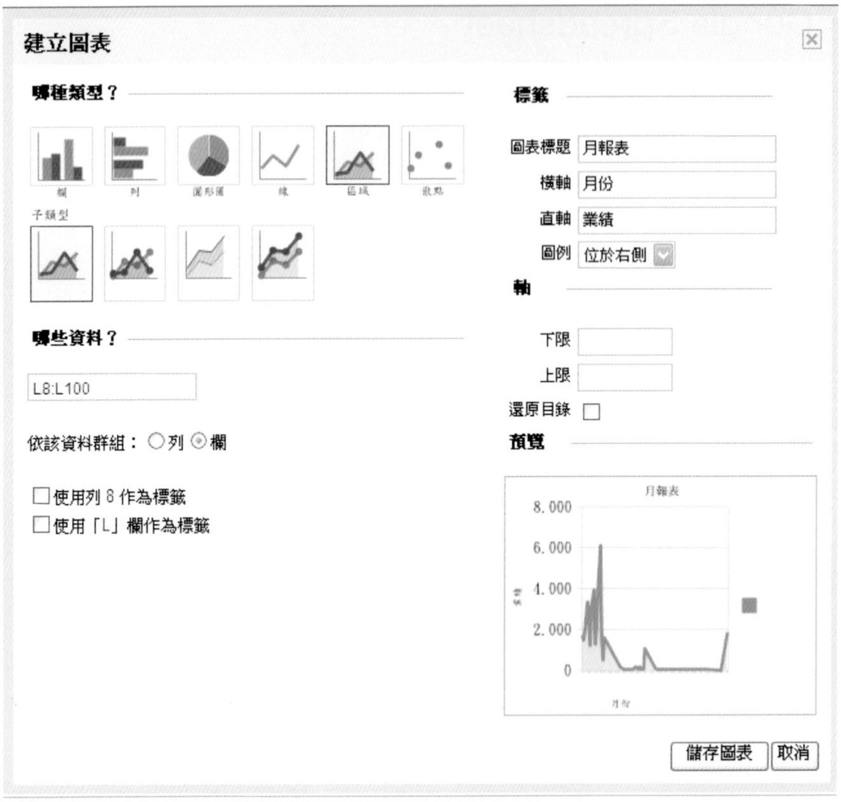

圖8-24　自動繪製各式圖表

　　接著要說明「凍結欄/列」的意義。在使用試算表的時候，通常我們會利用滑鼠將整張試算表往下拉以閱讀下方的數據，但是資料到了下方通常已經見不到上方的項目名稱，以致於必須不斷上下來回以核對項目名稱和數據，造成閱讀上的不便。此時「凍結」欄或列的功能就可以派上用場了。

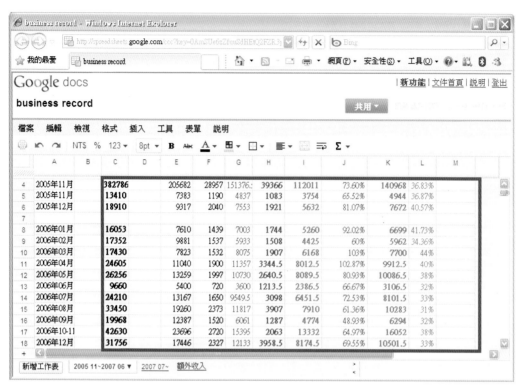

圖8-25　只有數據而不見項目名稱

　　由於我們希望無論數據資料有多少，項目的部分永遠固定 (也就是凍結) 在上端，方式一就是將試算表上方的「排序列」拖曳到要凍結的位置再放開滑鼠即可 (圖8-26)，完成設定之後，不論我們如何向下讀取數據，項目名稱都依然固定在上方，不會跟著捲軸上下移動。

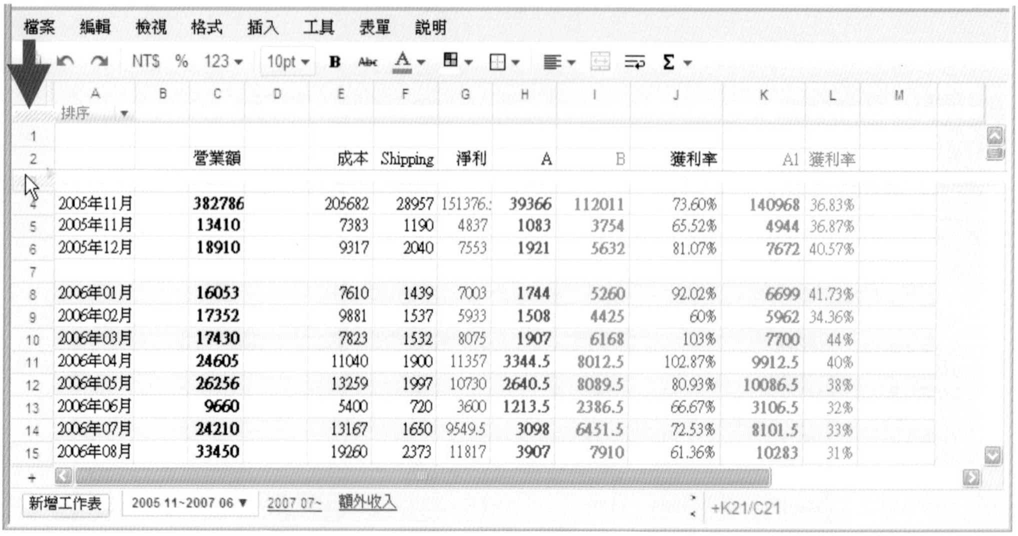
檔案 編輯 檢視 格式 插入 工具 表單 說明
NT$ % 123 10pt B Abc A Σ
A B C D E F G H I J K L M
排序
1
2 營業額 成本 Shipping 淨利 A B 獲利率 A1 獲利率
4 2005年11月 382786 205682 28957 151376.: 39366 112011 73.60% 140968 36.83%
5 2005年11月 13410 7383 1190 4837 1083 3754 65.52% 4944 36.87%
6 2005年12月 18910 9317 2040 7553 1921 5632 81.07% 7672 40.57%
7
8 2006年01月 16053 7610 1439 7003 1744 5260 92.02% 6699 41.73%
9 2006年02月 17352 9881 1537 5933 1508 4425 60% 5962 34.36%
10 2006年03月 17430 7823 1532 8075 1907 6168 103% 7700 44%
11 2006年04月 24605 11040 1900 11357 3344.5 8012.5 102.87% 9912.5 40%
12 2006年05月 26256 13259 1997 10730 2640.5 8089.5 80.93% 10086.5 38%
13 2006年06月 9660 5400 720 3600 1213.5 2386.5 66.67% 3106.5 32%
14 2006年07月 24210 13167 1650 9549.5 3098 6451.5 72.53% 8101.5 33%
15 2006年08月 33450 19260 2373 11817 3907 7910 61.36% 10283 31%
新增工作表 2005 11~2007 06 ▼ 2007 07~ 額外收入
+K21/C21

圖8-26　將排序列從最上方拉到指定位置

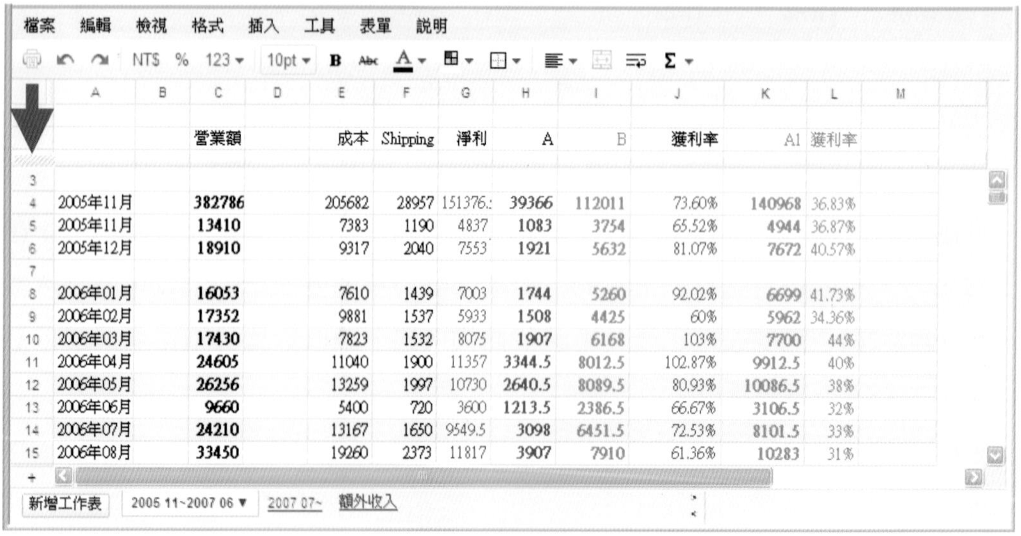
檔案 編輯 檢視 格式 插入 工具 表單 說明
NT$ % 123 10pt B Abc A Σ
A B C D E F G H I J K L M
營業額 成本 Shipping 淨利 A B 獲利率 A1 獲利率
3
4 2005年11月 382786 205682 28957 151376.: 39366 112011 73.60% 140968 36.83%
5 2005年11月 13410 7383 1190 4837 1083 3754 65.52% 4944 36.87%
6 2005年12月 18910 9317 2040 7553 1921 5632 81.07% 7672 40.57%
7
8 2006年01月 16053 7610 1439 7003 1744 5260 92.02% 6699 41.73%
9 2006年02月 17352 9881 1537 5933 1508 4425 60% 5962 34.36%
10 2006年03月 17430 7823 1532 8075 1907 6168 103% 7700 44%
11 2006年04月 24605 11040 1900 11357 3344.5 8012.5 102.87% 9912.5 40%
12 2006年05月 26256 13259 1997 10730 2640.5 8089.5 80.93% 10086.5 38%
13 2006年06月 9660 5400 720 3600 1213.5 2386.5 66.67% 3106.5 32%
14 2006年07月 24210 13167 1650 9549.5 3098 6451.5 72.53% 8101.5 33%
15 2006年08月 33450 19260 2373 11817 3907 7910 61.36% 10283 31%
新增工作表 2005 11~2007 06 ▼ 2007 07~ 額外收入

圖8-27　完成凍結設定

方法二為先計算要固定的列 (直排為欄，橫排為列) 到首列一共為多少列，此處可以看到一共是2列 (圖8-28)，接著由工具列上的「工具」、「凍結列」、再挑選「凍結2列」即可。須注意Google允許的凍結上限是10列。

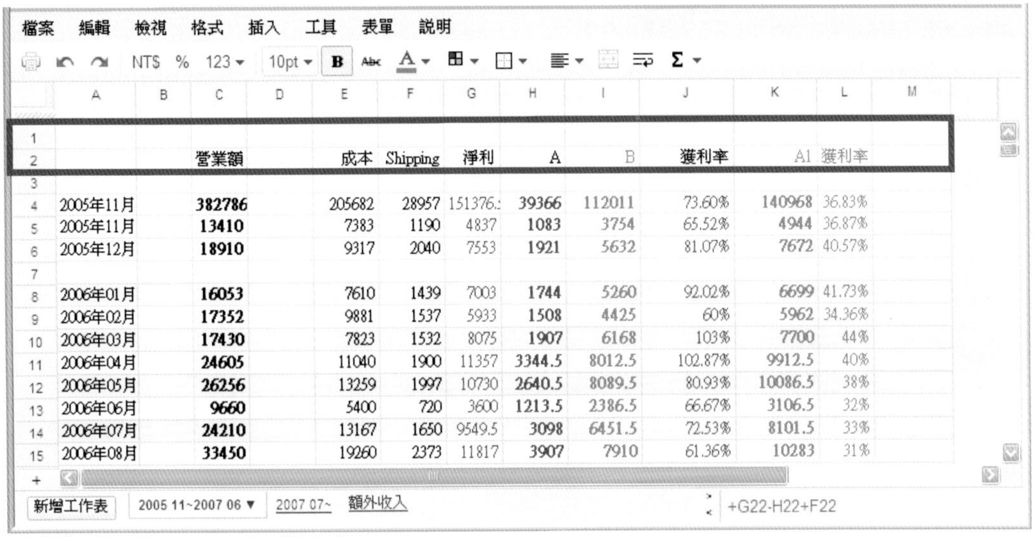

圖8-28　計算凍結列數

圖8-29　設定凍結欄數

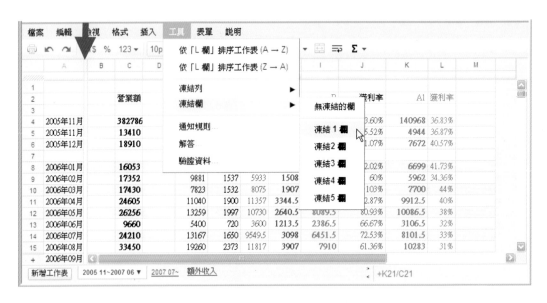

圖8-30 上方2列已被凍結

至於要解除凍結，只要再將排序列拉回表單的最上方即可。

如果表單不是縱向的太長而是橫向太長，就必須設定「凍結欄」，步驟與方法二相同。

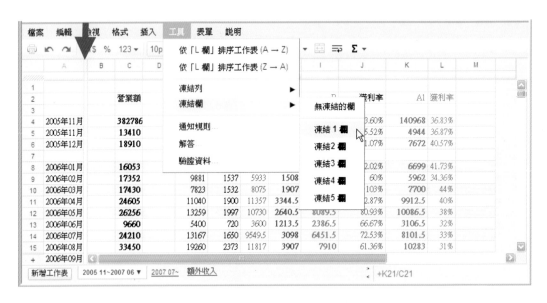

圖8-31 凍結欄的設定

此外，亦可同時凍結欄與列，讓資料瀏覽的便利性更上一層樓。

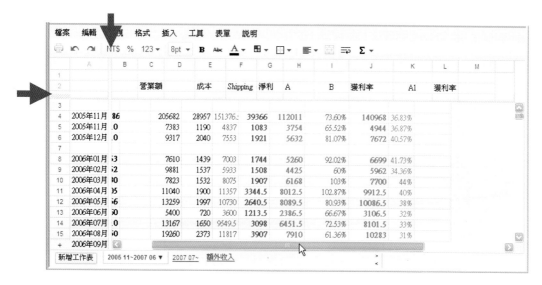

圖8-32 同時設定欄列凍結

8-2-3 Google Form

　　表單功能可讓合作者互相交換意見或決定某些議題，以下將簡略說明如何製作線上問卷；圖8-33是Google表單編輯的外觀，我們可以設計多種問題類型，例如：文字、段落文字、單選按鈕、複選方塊、從清單中選擇以及等級。

本次問卷主題　　變更背景圖案

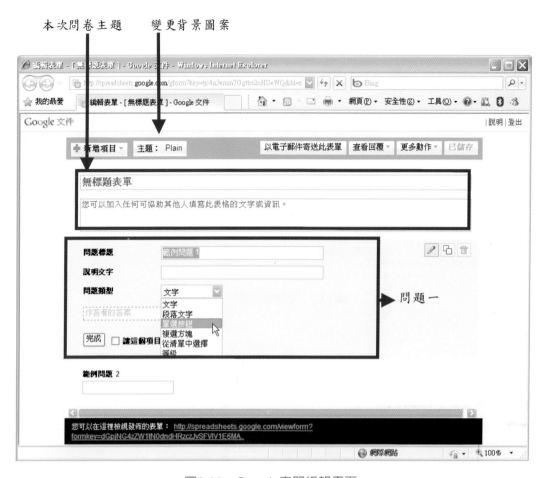

圖8-33　Google表單編輯畫面

圖8-34 問卷的背景圖案範本

　　假設我們要設計一套針對讀書會成員所寄發的問卷，並設計一系列的問題，以下是簡單的示範。

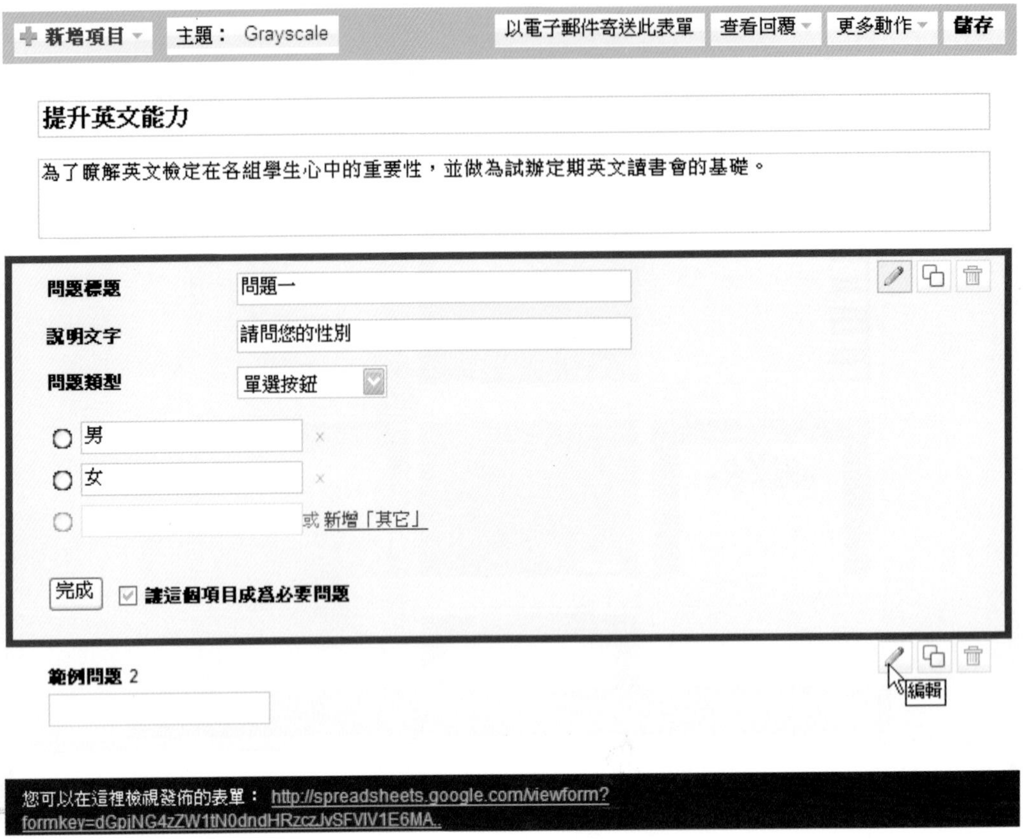

第八章 Google文件與論文寫作

圖8-35　問題一設計完成

　　要繼續編輯下一個問題，可以直接按下範例問題2右方的 ✎ 圖示。至於問題的類型並不限於一種，我們可以搭配不同形式的問題讓結果更豐富；也可以按下 ⎘ (複製) 圖示就可以在下方增加新的一組問題欄。

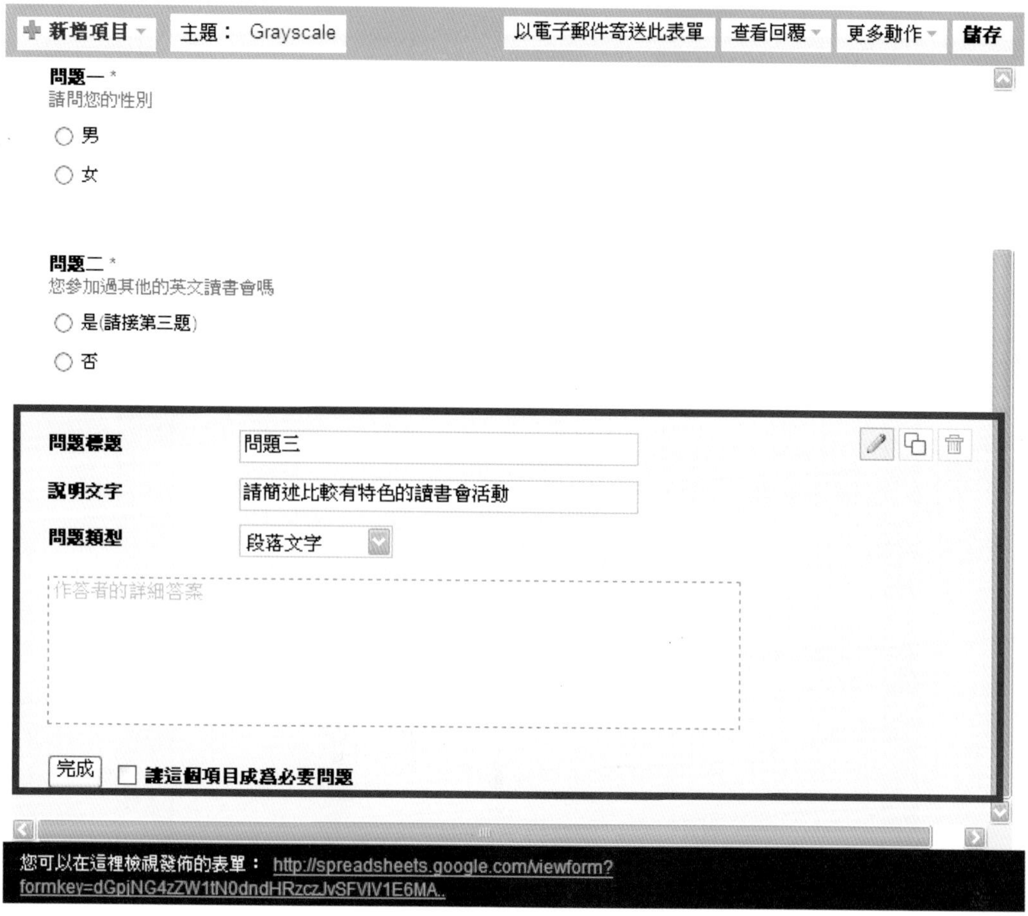
新增項目
主題： Grayscale
以電子郵件寄送此表單
查看回覆
更多動作
儲存
問題一 *
請問您的性別
男
女
問題二 *
您參加過其他的英文讀書會嗎
是(請接第三題)
否
問題標題
問題三
說明文字
請簡述比較有特色的讀書會活動
問題類型
段落文字
作答者的詳細答案
完成
讓這個項目成爲必要問題
您可以在這裡檢視發佈的表單： http://spreadsheets.google.com/viewform?formkey=dGpjNG4zZW1tN0dndHRzczJvSFVlV1E6MA..

圖8-36　搭配不同問題類型

按下

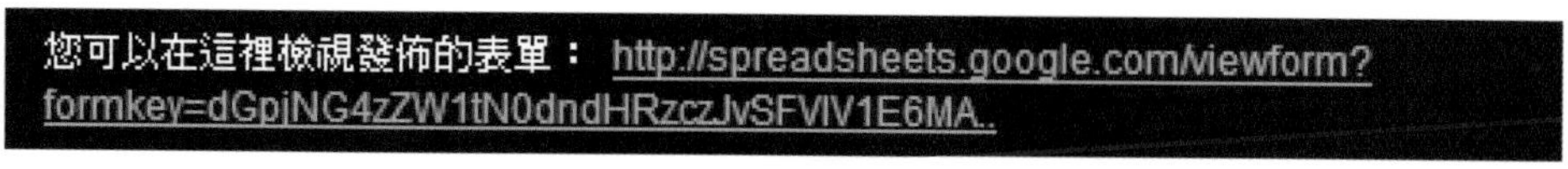
您可以在這裡檢視發佈的表單： http://spreadsheets.google.com/viewform?formkey=dGpjNG4zZW1tN0dndHRzczJvSFVlV1E6MA..

可以進行問卷預覽。預覽的外觀就是受訪者所見到的問卷外觀。

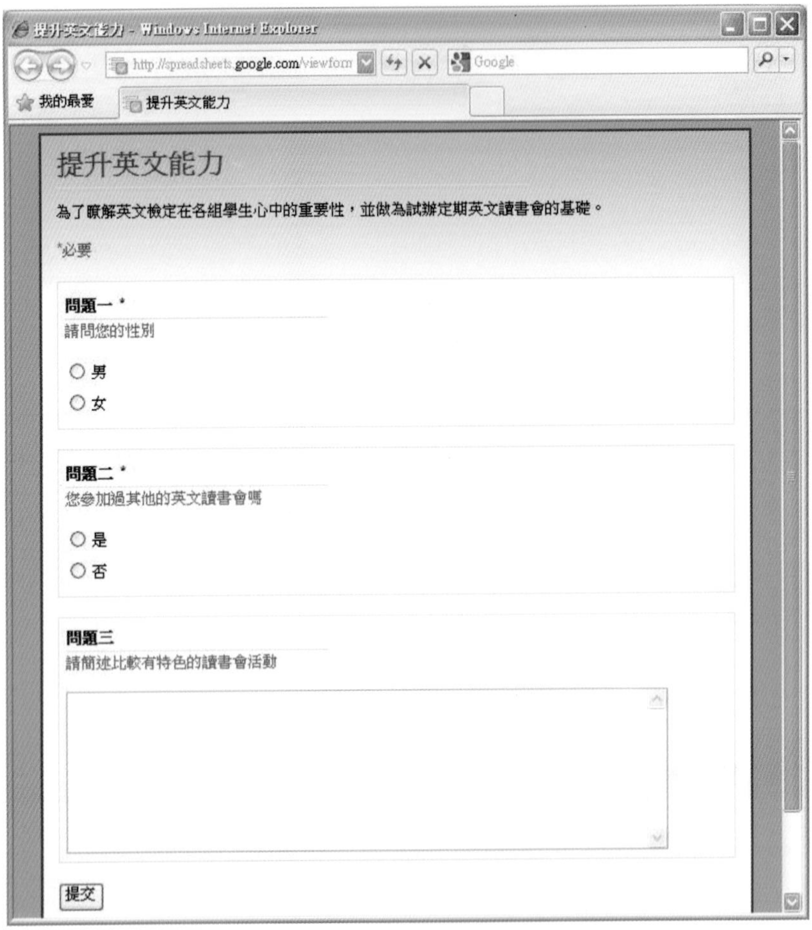

圖8-37　預覽問卷外觀

　　確定無誤之後，我們可以回到表單編輯畫面，按下上方的「以電子郵件寄送此表單」，將收件者的電子信箱輸入收件者的空格中，每輸入完一組就按下enter換行再輸入新的一組信箱。

圖8-38　輸入email address寄發問卷

　　受訪者所收到的問卷為圖8-28的形式。只要點選連結就會開啟如圖8-36的線上問卷。

圖8-39　受訪者收到的問卷調查函

　　當受訪者填寫完畢並提交答案之後，系統將自動回傳一份Excel格式的檔案。利用這一份檔案就可以輕鬆的統計運用收集而來的資料了。

第八章　Google文件與論文寫作

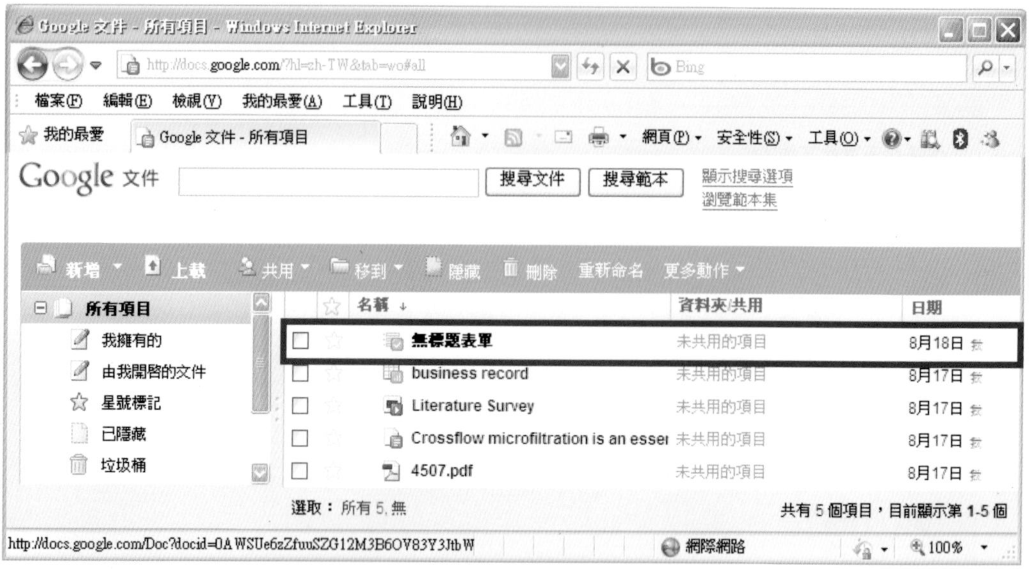

圖8-40　系統自動統計問卷資料

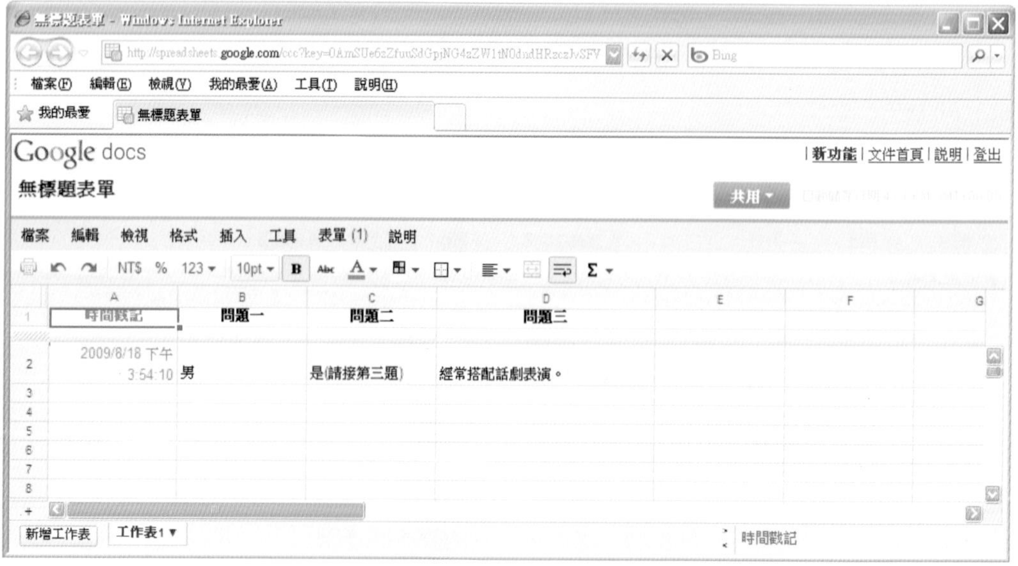

圖8-41　統計資料的呈現方式

附錄

附錄

▶ 附錄A　期刊論文閱讀順序

　　在這個出版品氾濫的年代，不論是印刷資料或是數位化資料、不論是學會網站或是私人部落格等，到處都充滿了資訊，可是這些資訊如果沒有經過品質檢驗，我們很難衡量應該花多少時間、甚至值不值得花時間去閱讀吸收。即使我們將範圍縮小，僅就學術期刊而言，同一領域的學術期刊可能就不下數百種，那麼辛辛苦苦查詢到的大量資料又應該依據何種順序取捨呢？此時就必須借重期刊評鑑資料庫了。

　　最普遍採用的評鑑工具有二，分別是Journal Citation Reports以及 Essential Science Indicators這兩個資料庫，兩者皆屬於ISI公司的Web of Knowledge系統。雖說排名方式是量化的統計而非質性統計，但是在沒有其他評量工具的狀況下，參考排名來衡量期刊或作者的表現也不失為一個客觀的做法。

　　被引用次數的多寡是用來評估一篇論文影響力的關鍵，Google學術搜尋的結果就是依據被引用次數的高低排列，目的在於讓使用者先閱讀被引用次數較多、較有影響力的文章。與前述JCR和ESI不同，Google學術搜尋的結果是依我們所輸入的關鍵字而定，尋找到的資料是單篇「論文」，至於JCR則是以「期刊」被引用的總數為評鑑基礎，而非單篇論文被引用的數量，而且能夠進入JCR排名的期刊，都是進入SCI (Science Citation Index) 的優質學術期刊，至於ESI同樣是精選優良學術期刊加以排名，其中有期刊的排名，也有作者、單篇論文的排名。既然我們身處於研究環境，就應該對於身邊的應用工具有一定的了解，讓自己把時間精力投資於影響力高的資訊上。

附錄A　期刊論文閱讀順序

圖A-1 Google 學術搜尋之被引用次數

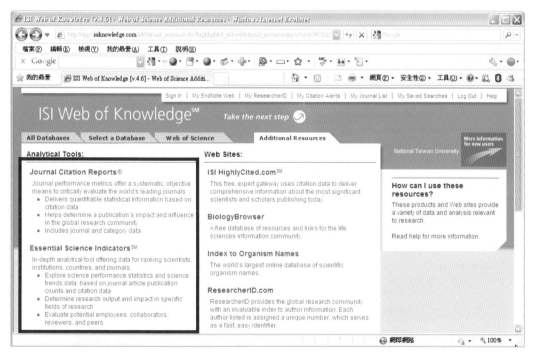

圖A-2 Web of Knowledge資料庫系統

以下將就期刊評鑑的兩個資料庫分別說明其操作方式和意義。

A-1 Essential Science Indicators

圖A-3是ESI資料庫的首頁，可以查詢8500種以上經SCI和SSCI索引的期刊，內容包含期刊論文、評論、會議論文和研究紀錄，並將之分為22個學科領域。

圖A-3 ESI資料庫首頁

表A-1 ESI查詢功能一覽表

查詢對象	細分	說明
1. Citation Rankings（被引用排名）	Scientists	高引用率的作者
	Institutions	高引用率的機構
	Countries/Terrirtories	高引用率的國家／地區
	Journals	高引用率的期刊

查詢對象	細分	說明
2. Most Cited Papers（熱門論文）	Highly Cited Papers（last 10 years）	過去10年被引用最多次的論文
	Hot Papers（last 2 years）	過去2年最熱門的論文
3. Citation Analysis（引用分析）	Baselines 　　By Averages 　　By Percentiles 　　By Field Rankings	引用文獻分析
	Research Fronts	研究前線分析（依照共同引用的關係進行分析）

A-1-1　Citation Ranking被引用排名

透過被引用排名可以了解到哪位學者、哪個機關學校、哪個國家或是哪個期刊最具有學術影響力，經由這項查詢我們可以將研究心力投注於這些對象，例如手邊查到許多資料時，我們可以優先閱讀被引用率較高的作者所撰寫的論文；如果要進行跨國合作也可以優先選擇引用率高的機構或國家，當我們準備投稿期刊論文，當然也可以將引用率高的期刊當作首選，一方面證明研究的深度，一方面增加論文的可見度。

被收錄在排名內的對象都是十年內被引用次數具有十分亮眼的表現，其中：

作者排名：被引用次數為前1%的科學家

機構排名：被引用次數為前1%的研究機構

國家排名：於十年內被引用次數為前50%的150個國家

期刊排名：於十年內被引用次數為前50%的4500種期刊

以查詢研究機構為例，輸入Stanford University以及New York University後，得到圖A-4、圖A-5的結果，利用兩者相比可以看出兩校的強項以及強度。同樣地，我們也可以比較國與國、作者與作者，以及期刊與期刊的影響強度。

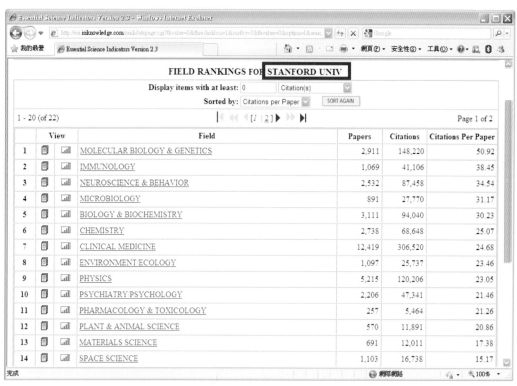

圖A-4　查詢Stanford University各學科領域表現

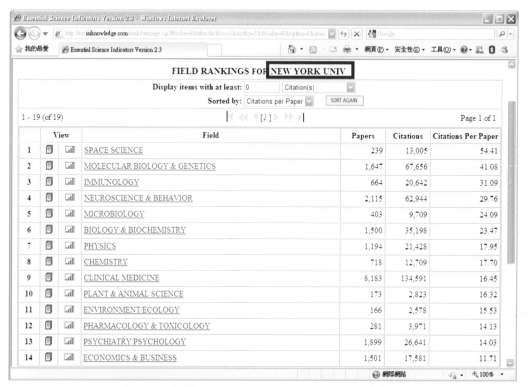

圖A-5　查詢New York University各學科領域表現

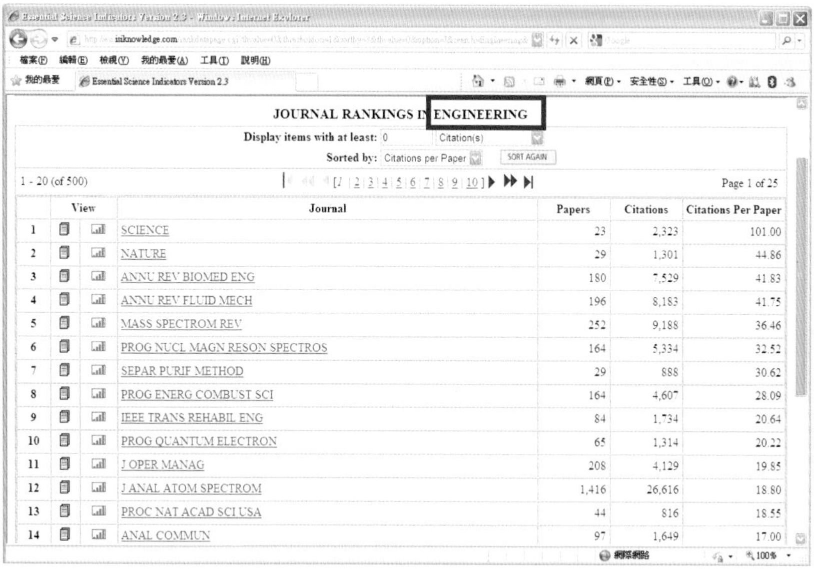

JOURNAL RANKINGS IN ENGINEERING

Display items with at least: 0 Citation(s)

Sorted by: Citations per Paper SORT AGAIN

1 - 20 (of 500) Page 1 of 25

	Journal	Papers	Citations	Citations Per Paper
1	SCIENCE	23	2,323	101.00
2	NATURE	29	1,301	44.86
3	ANNU REV BIOMED ENG	180	7,529	41.83
4	ANNU REV FLUID MECH	196	8,183	41.75
5	MASS SPECTROM REV	252	9,188	36.46
6	PROG NUCL MAGN RESON SPECTROS	164	5,334	32.52
7	SEPAR PURIF METHOD	29	888	30.62
8	PROG ENERG COMBUST SCI	164	4,607	28.09
9	IEEE TRANS REHABIL ENG	84	1,734	20.64
10	PROG QUANTUM ELECTRON	65	1,314	20.22
11	J OPER MANAG	208	4,129	19.85
12	J ANAL ATOM SPECTROM	1,416	26,616	18.80
13	PROC NAT ACAD SCI USA	44	816	18.55
14	ANAL COMMUN	97	1,649	17.00

圖A-6　工程類期刊引用率排名

與下一節要介紹的JCR不同，ESI收錄的每種期刊都只歸類於一個學科領域，至於跨學科的期刊則被分類於Multidisciplinary當中。不過這些跨領域期刊所刊登的單篇論文被引用時，將會受引用它的期刊的領域而影響系統將其自動分類的結果。見圖A-7，我們以Nature期刊為例可以發現它所收錄的論文大致跨越了19個領域，其中以MOLECULAR BIOLOGY & GENETICS 領域最多。藉此，我們也可以了解到本期刊較偏重的研究方向等。

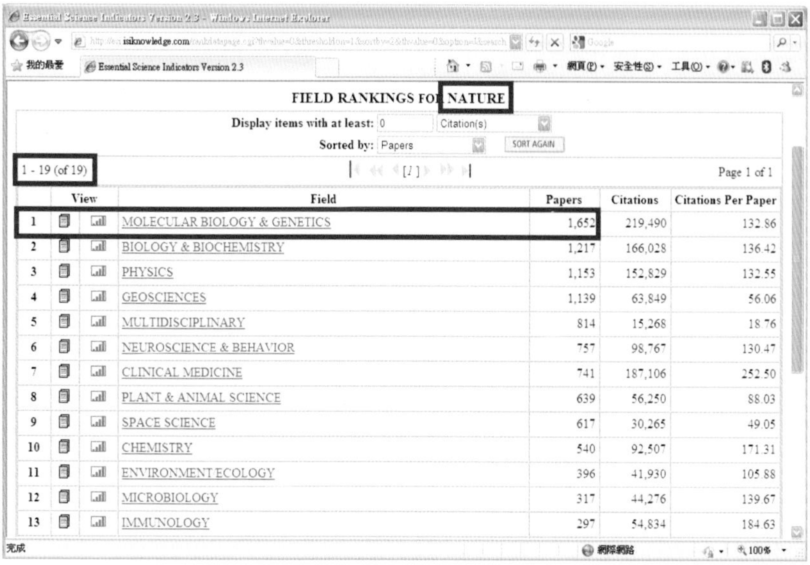

FIELD RANKINGS FOR NATURE

Display items with at least: 0 Citation(s)

Sorted by: Papers SORT AGAIN

1 - 19 (of 19) Page 1 of 1

	Field	Papers	Citations	Citations Per Paper
1	MOLECULAR BIOLOGY & GENETICS	1,652	219,490	132.86
2	BIOLOGY & BIOCHEMISTRY	1,217	166,028	136.42
3	PHYSICS	1,153	152,829	132.55
4	GEOSCIENCES	1,139	63,849	56.06
5	MULTIDISCIPLINARY	814	15,268	18.76
6	NEUROSCIENCE & BEHAVIOR	757	98,767	130.47
7	CLINICAL MEDICINE	741	187,106	252.50
8	PLANT & ANIMAL SCIENCE	639	56,250	88.03
9	SPACE SCIENCE	617	30,265	49.05
10	CHEMISTRY	540	92,507	171.31
11	ENVIRONMENT ECOLOGY	396	41,930	105.88
12	MICROBIOLOGY	317	44,276	139.67
13	IMMUNOLOGY	297	54,834	184.63

圖A-7　跨領域期刊將細分單篇論文類別

A-1-2 Most Cited Papers

　　可查詢過去十年以及過去兩年被引用最多次的論文。過去十年被引用最多的論文可說是該領域的重要著作，至於過去兩年被引用最多次則表示這個論文的研究方向近來相當的熱門，同時也可能發展成一個重要的趨勢。其中：

　　Highly Cited Paper：過去十年在各領域當中被引用次數前1%的論文

　　Hot Papers：過去兩年被引用次數為各領域前0.1%的論文

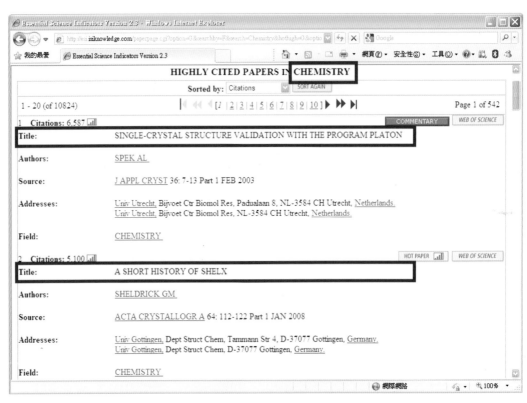

圖A-8　Chemistry領域中被引用率最高的論文

A-1-3 Citation Analysis

　　利用引用分析可以對照出我們自身或是所在領域的研究強度、判斷趨勢、了解各領域間的差異等等。

a. Baselines 引用文獻分析

圖A-9　引用率基礎分析

表A-2　ESI Baselines功能一覽表

引用文獻分析Baselines menu	說明
By Averages	View the average citation rates table 檢視各領域平均被引用率
By Percentiles	View the percentiles table 檢視登上各領域名次百分比所需之被引用數
By Field Rankings	View field rankings table 檢視學科領域排名

　　以圖A-10為例，紅框內的數字6.98表示在1999年工程領域所發表的論文平均每篇被引用6.98次。依照這個數據，我們可以檢視自己所發表的論文是否達到這個水準？如果答案為否，那麼，是研究方向不夠熱門？或是曝光率不夠？投稿的期刊知名度不高？論文題目或關鍵字選用的是否正確？以上都是可以檢討的方向。

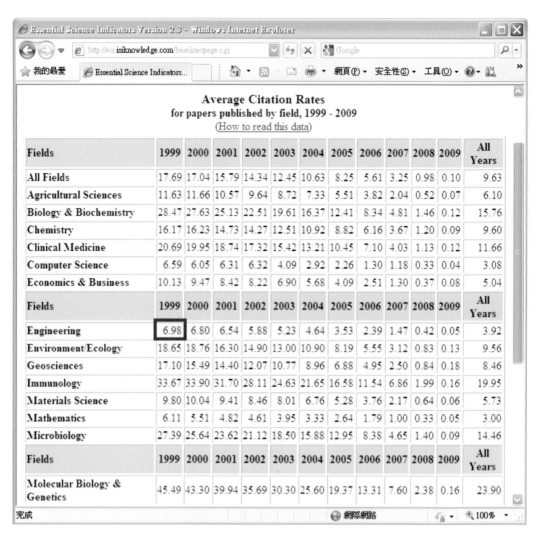

圖A-10 單篇論文平均被引用率

　　若是檢視By Percentiles這項功能，可以看到圖A-11的列表。以Agriculture sciences的數字2為例，它代表的是：要在2009年擠進熱門論文前1%者，必須至少被引用2次；同理，要在2009年擠進熱門論文前0.01%者必須至少被引用84次。

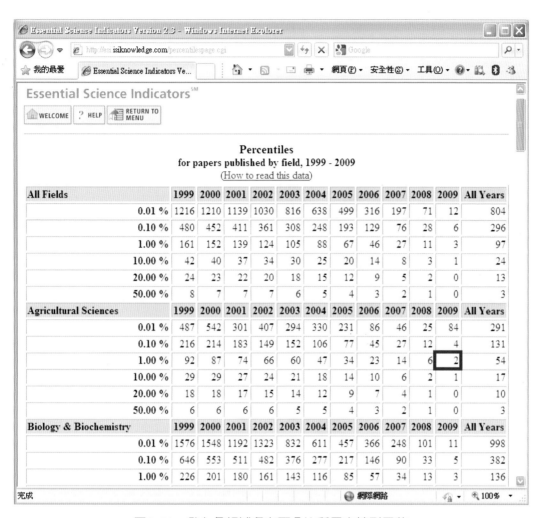

圖A-11　登上各領域名次百分比所需之被引用數

　　利用Field Rankings來查詢每個學科領域的平均單篇論文被引用次數，藉以
了解每個學科的生態。

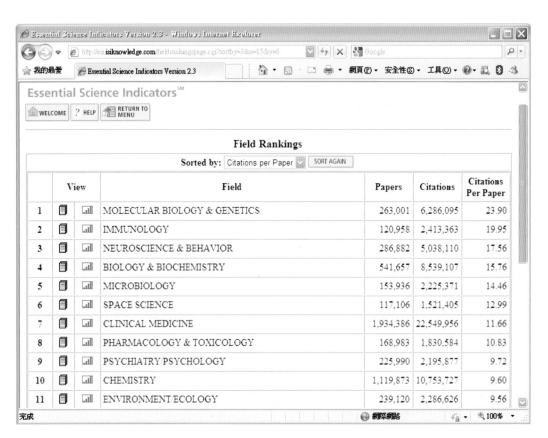

圖A-12　論文被引用率排名-以領域分

b. Research Fronts 研究趨勢分析

　　研究趨勢是比對五年內單篇論文的參考文獻和註腳，如果發生共同引用時就會出現一個集合，這個集合就是所謂的fronts，也就是目前最熱門、受到重視的研究焦點。同樣的，要進行查詢，只要在空格內輸入研究主題，例如membrane (膜)，接著就會出現圖A-13的結果。

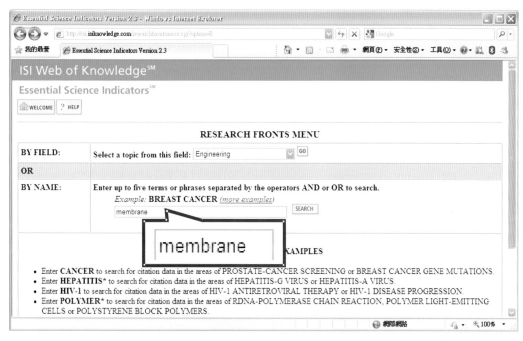

圖A-13　輸入關鍵字找尋熱門文獻

在Fronts欄內可以看到許多詞組，至些詞組也可以視為近年membrane研究的重點方向。

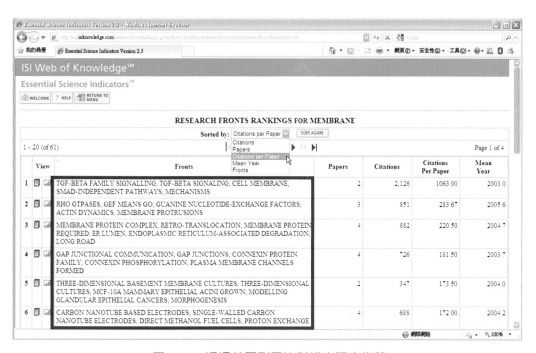

圖A-14　透過共同引用比對找出研究趨勢

以第一項為例，五年內與這些研究趨勢有關的焦點論文有兩篇，一共被引用了2126次，平均每篇被引用1063次，

	View	Fronts	Papers	Citations	Citations Per Paper	Mean Year
1	📄 📊	TGF-BETA FAMILY SIGNALLING; TGF-BETA SIGNALING; CELL MEMBRANE; SMAD-INDEPENDENT PATHWAYS; MECHANISMS	2	2,126	1063.00	2003.0

按下 📄 會出現這兩篇論文的書目資料，按下 WEB OF SCIENCE 連結到Web of Science的SCI、SSCI資料庫，如果圖書館訂閱了該期刊，那麼就可以按下 Full Text 以閱讀全文並且利用 Save to EndNote, RefMan, ProCite 將資料匯入文獻管理軟體中。

圖A-15　查閱論文的基本資料

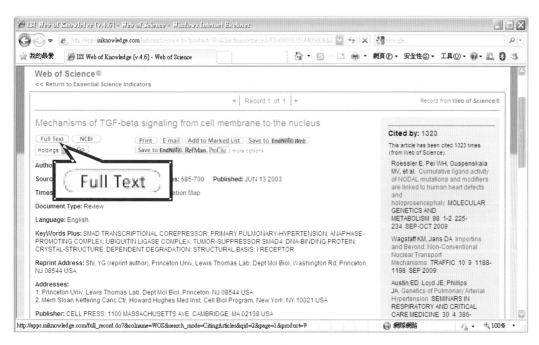

圖A-16　SCI資料庫可連結全文

A-2　Journal Citation Report

　　Journal citation Report (JCR) 是最普遍被應用的工具，在台灣只要提到期刊排名幾乎就是指JCR的排名。與ESI不同的是JCR只統計「期刊」的被引用次數，如果要查詢「單篇論文」或是「個人」的學術表現就非利用ESI不可。此外，JCR的期刊可以跨領域，而ESI則否，以下將簡單說明如何利用JCR查詢期刊排名。

　　進入JCR的首頁，先選擇要查詢的年度，我們以2008年為例，接著選擇右方的查詢標的：Subject Category (學科領域)、Publisher (出版者) 或是Country/Territory (國家／地區)，由於我們要查詢的是某期刊在某個領域中的表現，因此選擇Subject Category。

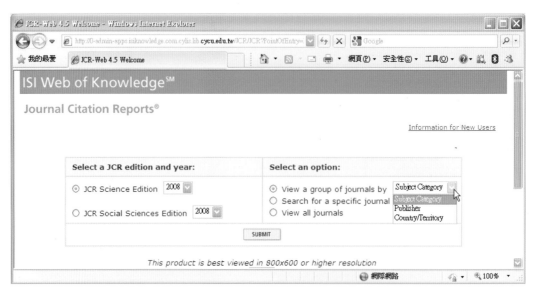

圖A-17　JCR資料庫首頁

　　接著，選定學科領域。由圖A-18可以發現JCR對於領域分類相當仔細，僅僅工程領域下就劃分出許多子類。負責國內科學發展及經費補助的國科會對於評鑑論文優劣的標準就是採用JCR資料庫的數據，並以Impact Factor高低為依據。因此，選定領域後再選擇讓資料依據Impact Factor排列。

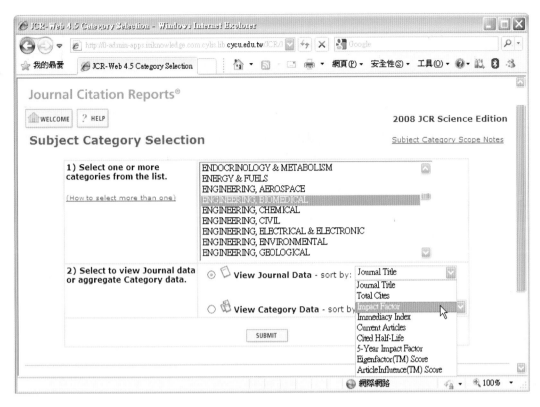

圖A-18 選定學科領域及排序方式

表A-3 期刊排序方式

選項	說明
Journal Title	依期刊名稱
Total Cites	依總引用數
Impact Factor	依影響係數
Immediacy Index	依立即指數
Current Articles	依論文數量
Cited Half-Life	依引用半生期
5-Year Impact Factor	依5年影響係數
Eigenfactor Score	依特徵係數值
Article Influence score	依論文影響值

所謂Impact Factor (影響係數) 是指每個期刊在第一、第二年登載的論文，在第三年被引用的比率。以2008年度的期刊為例：

$$2008年某期刊的影響係數 = \frac{在2008年被引用的次數}{2006 + 2007年登載論文的總數}$$

　　被引用次數愈多，該期刊的影響係數就越高，將同領域的每個期刊依照影響係數排序就是所謂的期刊排行了。

　　設定完成之後，按下「Submit」就會出現如圖A-19的結果。

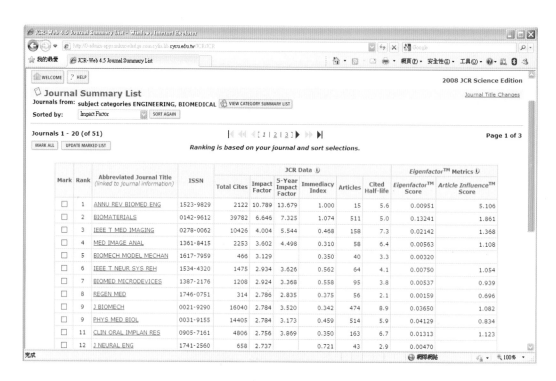

圖A-19　依據影響係數排序的結果

学科領域　　　　　排行年度

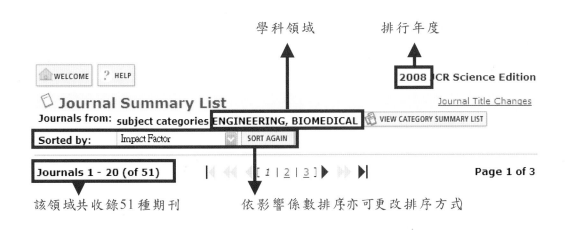

WELCOME　? HELP

2008 CR Science Edition

Journal Summary List

Journal Title Changes

Journals from: subject categories ENGINEERING, BIOMEDICAL　VIEW CATEGORY SUMMARY LIST

Sorted by:　Impact Factor　SORT AGAIN

Journals 1 - 20 (of 51)　[1 | 2 | 3]　Page 1 of 3

該領域共收錄51種期刊　　　依影響係數排序亦可更改排序方式

排名　　期刊名稱　　　影響係數由高至低　　特徵係數值

Mark	Rank	Abbreviated Journal Title *(linked to journal information)*	ISSN	Total Cites	Impact Factor	5-Year Impact Factor	Immediacy Index	Articles	Cited Half-life	*Eigenfactor™* Score	*Article Influence™* Score
☐	1	ANNU REV BIOMED ENG	1523-9829	2122	10.789	13.679	1.000	15	5.6	0.00951	5.106
☐	2	BIOMATERIALS	0142-9612	39782	6.646	7.325	1.074	511	5.0	0.13241	1.861
☐	3	IEEE T MED IMAGING	0278-0062	10426	4.004	5.544	0.468	158	7.3	0.02142	1.368
☐	4	MED IMAGE ANAL	1361-8415	2253	3.602	4.498	0.310	58	6.4	0.00563	1.108
☐	5	BIOMECH MODEL MECHAN	1617-7959	466	3.129		0.350	40	3.3	0.00320	
☐	6	IEEE T NEUR SYS REH	1534-4320	1475	2.934	3.626	0.562	64	4.1	0.00750	1.054
☐	7	BIOMED MICRODEVICES	1387-2176	1208	2.924	3.368	0.558	95	3.8	0.00537	0.939
☐	8	REGEN MED	1746-0751	314	2.786	2.835	0.375	56	2.1	0.00159	0.696
☐	9	J BIOMECH	0021-9290	16040	2.784	3.520	0.342	474	8.9	0.03650	1.082
☐	9	PHYS MED BIOL	0031-9155	14405	2.784	3.173	0.459	514	5.9	0.04129	0.834

JCR Data

Eigenfactor™ Metrics

立即指數　　　　論文影響值

　　以排行第三的期刊IEEE TRANSACTIONS ON MEDICAL IMAGING為例，若以百分比計算，該期刊在該領域的排名則是：

$$\frac{3}{51} \times 100\% = 5.8\% \fallingdotseq 6\%$$

也就是影響力在該領域是 Top 6的期刊。

Immediacy Index (立即指數) 是指：

$$某期刊的立即指數 = \frac{2008年就被引用的次數}{2008年度刊載的論文數}$$

由於當年度發表的論文立刻在當年度被引用，可見該論文具有相當高的可見度，很有可能是目前相當熱門的研究話題或是新興的領域。

而Eigenfactor Score (特徵係數值) 是以過去5年被引用的次數做為依據，排除自我引用 (self-citation) 之後的結果，同樣地數值愈高表示影響力愈大。同時SCI以及SSCI期刊論文的引用都同時列入計算，如果引用它的期刊是影響係數高的期刊，這個引用值還會被加權計算。

至於Article Influence Score (論文影響值) 則是以計算該期刊每一篇論文的「平均影響力」，計算方式為

$$某期刊的論文影響值 = \frac{Eigenfactor\ Score}{該年度刊載的論文數}$$

如果得到的結果大於1，表示這個期刊的論文影響值高於平均表現，反之則表示本期刊的表現低於平均影響值。

有些期刊的性質是跨領域的，例如圖A-19中排名第三的期刊：IEEE TRANSACTIONS ON MEDICAL IMAGING 就跨了五個學科領域；雖然本期刊在「Engineering, Biomedical」類別中的排名為三，但是在其他類別的排名卻可能更高或更低，也就是說它在每個領域的影響力各有不同，透過查詢JCR就可了解到該期刊的強項。

Subject Categories: COMPUTER SCIENCE, INTERDISCIPLINARY APPLICATIONS
ENGINEERING, BIOMEDICAL
ENGINEERING, ELECTRICAL & ELECTRONIC
IMAGING SCIENCE & PHOTOGRAPHIC TECHNOLOGY
RADIOLOGY, NUCLEAR MEDICINE & MEDICAL IMAGING

圖A-20　跨領域的期刊

　　要查閱本期刊在Computer Science, Interdisciplinary applications領域的排名，只要回到圖A-18重新設定，就可以得到圖A-21的結果。由此可知，這個領域共收錄94種期刊，本期刊排名第一，是本領域Top 1的期刊。

　　以上就是ESI與JCR 2個期刊評比資料庫的介紹及操作方式，使用者可依照個人需求加以運用，以達到節省時間、事半功倍的目標。

附錄A　期刊論文閱讀順序

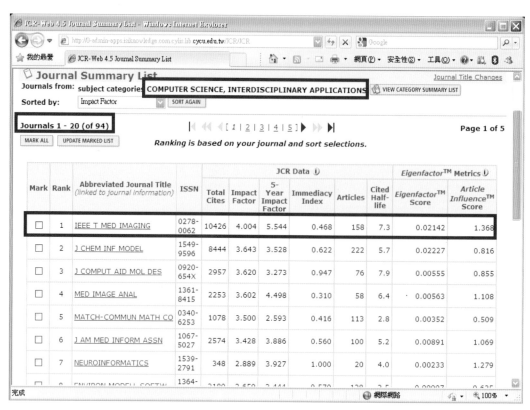

圖A-21　期刊在不同領域中有不同的表現

國家圖書館出版品預行編目資料

研究資料如何找？：Google it!／童國倫，
潘奕萍著. ──初版.──臺北市：五南，
2009.12
　面；　公分
ISBN 978-957-11-5799-3（平裝）
1.網際網路　2.搜尋引擎　3.學術研究
312.1653　　　　　　　　　98017566

5A76

研究資料如何找？Google It!

作　　者 ─ 童國倫（449）　潘奕萍（363.2）

發 行 人 ─ 楊榮川

總　　編 ─ 王翠華

編　　輯 ─ 王者香

封面設計 ─ 簡愷立

出 版 者 ─ 五南圖書出版股份有限公司

地　　址：106台北市大安區和平東路二段339號4樓

電　　話：(02)2705-5066　　傳　　真：(02)2706-6100

網　　址：http://www.wunan.com.tw

電子郵件：wunan@wunan.com.tw

劃撥帳號：01068953

戶　　名：五南圖書出版股份有限公司

台中市駐區辦公室/台中市中區中山路6號

電　　話：(04)2223-0891　　傳　　真：(04)2223-3549

高雄市駐區辦公室/高雄市新興區中山一路290號

電　　話：(07)2358-702　　傳　　真：(07)2350-236

法律顧問　林勝安律師事務所　林勝安律師

出版日期　2009年12月初版一刷
　　　　　2014年 3 月初版三刷

定　　價　新臺幣650元

本書封面與內文所引用的Google搜尋，全部源自
Google網頁www.google.com